U0037261

吃的藝術

生活美學13

劉枋著

目錄

自序……九
關於吃蛋……一三
豆腐的故事……一八
元宵裡的丸子……二三
豬八戒……二八
膾下厭細……三〇
煙燻……三三
烤——火燎……三五
關於「鴨」……三八
珍重一隻雞……四一
鍋燒與鍋塌……四三

高麗・拔絲……四五
菊花鍋與涮羊肉……四七
沙茶・毛肚・雞素燒……四九
蝦的吃法……五一
好吃莫如餃子……五六
再談餃子餡……五八
滷菜的秘訣……六一
酥鍋子……六三
酥肉和酥雞……六五
天下第一菜和砂鍋……六八
活魚三吃……七〇
所欲者魚……七三
八寶飯……七六
年年菜……七八
大吉大利……八一
打掃殘肴剩菜……八三

春餅及其他……八六
餡兒餅和一窩絲……八九
燕窩種種……九一
且說魚翅……九四
小老鼠——海參……九七
海參與海茄子……一〇〇
干貝——江瑤柱……一〇三
鮑魚之肆……一〇六
有餡的菜……一〇九
凍子……一一四
涼拌……一一九
素涼拌……一二二
焦炸與軟炸……一二五
酒席的今昔……一二八
冷盤的商榷……一三三
關於熱炒……一三六

燴碗改良……一四一
所謂大菜……一四四
梅花宴……一四七
十全十美……一五〇
事事如意……一五二
中國菜……一五五
西菜中吃……一五七
談自助餐……一六〇
中秋談餅……一六三
好吃最是家常飯……一六六
四季豆……一六九
豇豆・扁豆・毛豆……一七二
豆中雙鮮……一七五
冬瓜・絲瓜・老窩瓜……一七八
冬天的恩物——大白菜……一八一
如意菜——黃豆芽……一八四

掐菜——銀芽……一八七
大蘿蔔……一九〇
黃瓜茄子……一九三
茄子之章……一九六
藕——蓮菜……一九九
捲心菜與菜花……二〇二
最後之青菜……二〇五
附錄：灶前閒話十篇
吃蛋種種……二一一
燒雞之戀……二一五
鴨的悲劇……二一九
年年慶有魚——餘……二二三
大塊文章……二二八
桃花流水對蝦肥……二三二
青菜豆腐保平安……二三七
瓜的世界……二四一

點心與甜菜……二一四五
冷凍與涼拌……二一四八

自序

劉枋要求您，請先看序

我做人的原則：不說謊，不吹牛。因此，當這本「印刷精美」的書呈獻於讀者之前時，我必須坦白的說明，這不是我的新作。由書中每篇文字的長短相若，明眼人一定會看得出這是報章副頁之上的所謂「專欄」也者。我不是個烹飪名家，很多人都認爲我安排我們的方塊字兒，或可成篇成章，而操持鼎鼐尙有一手，則實未足置信。可是，說老實話，我自以爲對於「吃」，比對於「寫」，確實更有心得，原因是我好吃，而並不熱愛寫作。這也就是爲什麼我敢於大言不慚的侈談「吃的藝術」了。

至於我怎樣一篇一篇的寫出這些短章，張明大姐曾經代我寫過說明，她的文章比我好，我抄她的文章如下：

「從卅八年開始，一直到今天，將近二十年的日子裡，我這個不太「主婦型」的人，竟與家庭刊物結了不解緣，所以經常對婦女或家庭一類的雜誌，都比較注意。七八年前，一個偶然的機會裡，我和劉枋閒談，說到中華婦女月刊上有一個署名趙俠碧所寫的「灶前閒話」，那些有關於烹調的文章，不僅是毫無一般所謂的「譜」氣，而且文字美，傳味（我說傳味，是因爲她寫的是如何做菜，如何調味，寫得傳神，眞有傳味的效果。）極獲我心。我並且說，可惜我的家庭版面太小，否則我一定要找她來個專欄，劉枋沒有表示什麼，只對我一笑。

其後，就在五十五年夏季，我主編的新生報家庭生活版，突然增版，這時，我不免又想到那位趙女士，於是我商於劉枋，想請她爲我拉一次稿，替我寫個食事的專欄，她笑笑說可以。到這時，我才知道趙俠碧者，就是劉枋。

談吃的稿到了我的手上，想不到署名的不是趙俠碧，而是柳綠蔭（這是劉枋另一筆名）。劉枋一向有「多面」的寫作才能，可是寫食譜一類的文章，而且寫得如此好，眞是在我意料之外。

「談吃」每週一篇，陸續在家庭生活刊出，有一天，名作家又是新生報副社長的姚朋先生問我，「談吃」是誰寫的？值得一看。我告訴他是劉枋的手筆，他不免大加讚賞。

許多寫文章的人，對於寫家庭版的文字，都不太起勁，似乎覺得那不是眞正寫文章，所以要寫做菜燒飯，就覺得更不足以稱爲文章了，其實，寫大文章或是小文章所表達的內容有不同，但文章的基礎則是一樣的。劉枋的文筆向以流暢生動見長，而且用辭用句，又有一種熟極而流的功力。談吃，似乎可以用不著太費周章找辭彙鑽典故，反正綠的青菜、紅的蘿蔔，配上蔴油、醬油、醋就是了，可是不然，劉枋寫得另有一番情致，說得通俗一點，她寫得很有「學問」，所以既有欣賞文章的價值，更有美味的傳神，眞可謂一篇文章眞成了一盤色香味俱佳的菜，大有令人饞涎欲滴之概。」

張明大姐說我寫得很「學問」，此學問者亦即「藝術」也。本書中前面的七十餘篇是新生報家庭版中的「談吃」，後面附錄十題，就是趙俠碧的「灶前閒話」，爲了「敝帚」之惜，我未肯去蕪存精，一古腦兒都收在這本集子裡。

大地出版社的出品一直都是封面精美，印刷考究，我的拙作經姚宜瑛的一番化妝打扮，然後推出於讀者之前，想必不太寒傖，於是我也自以爲這是本可「賞」（不敢說讀）之書了。

作者・六四、八、一

關於吃蛋

一

大家都知道的，人體所需的營養素，最主要的是蛋白質。

大家也都知道，我們每天所吃的雞鴨魚肉，各種豆穀，都包含著或多或少，或「完全的」或「不完全的」蛋白質，攝取蛋白質，並不一定非自「蛋」不可。

但是，吃蛋是最直接了當的攝取蛋白質的途徑，卻無可置疑。

根據「高蛋白，低卡熱」是減肥食譜的秘訣，有人採用一天吃三個白煮蛋，此外只飲不加糖不加奶的咖啡或紅茶，隨意的吃些水果，每週可減輕三磅，而健康無損，精神煥發依然。

而且，蛋類在烹煮之前，不必仔細洗濯，費時割切，最是乾淨省事，同時又煎炒烹煮蒸無所不宜。

所以，我說蛋不僅是人類恩物，更是主持灶下工作的主婦的恩物。對此恩物，若只一切「率由舊章」，馬馬虎虎的吃吃算了，實在未免辜負於它，爲此，我願不惜筆墨，寫出有關吃蛋的種切。

老一輩的人相信「生雞蛋最滋補」，晨起把蛋放在洗面盆的溫熱水中，等洗好了臉把微溫的生蛋敲個小洞，一吸而盡，算作早點，是最原始的吃法。冰糖荷包嫩蛋，白糖蔴油開水沖蛋花，則一脈相承而來。這在消化力強，吸收良好的人，其營養價值當然極佳，但也有人不喜如此。

白煮蛋常見於西人早餐桌上，我們則只有產婦才把它當作主要食品。煎荷包蛋放上兩片火腿，在我們稱作西式早點，炒蛋才算是餐桌上的「菜」。

炒蛋可以說最簡單不過，可是仔細講究，也還有很多花樣，很多技巧。清炒蛋能炒成鬆鬆的圓餅乙個，嫩而不乾，色黃味香，是最佳技術，主要的要火大油多，鏟炒恰當。

蕃茄炒蛋若把蕃茄切丁先加蛋打攪，然後入鍋，則以炒成嫩嫩的稠糊狀較適口，若先把蛋炒成塊，再加入去子去皮的蕃茄塊，則色調極美。

韮菜炒蛋，香椿炒蛋都是北方人的鄉土吃法，蘿蔔干炒蛋，大頭菜炒蛋，廣東人和本省人都視爲配飯佳肴。但這必須把配料斬爲細末，打勻下鍋，炒時火候略久，才鹹香下飯，若炒成蛋歸蛋，菜乾歸菜乾，各自爲政，就完全不是意思了。

湖南人吃什麼都離不了大蒜辣椒，炒蛋亦然。把青青的蒜葉，紅紅的辣椒都加以細切和入蛋中，油不必多，火候略久而不必烈，翻鏟炒成香辣的「蛋鬆」，也是另有風味的吃法。

四川人動輒魚香，炒蛋也不例外，蛋先入鍋炒成塊，加入切好的蔥薑辣椒碎末，再潑上適量的醬油醋糖，便告成功。

只是炒蛋，上列種種，並未完盡，其他吃蛋，容續篇再談。

二

「吃在中國」，我們眞是可以當之無愧。只是一個炒蛋，在我這既非烹飪專家，又非庖中名廚的人就記憶所及，隨便數來，在上期「關於吃蛋」裡已寫了十餘種花樣之多而言猶未盡，現在還得接著再談。

屬於炒蛋範疇的還有：

蟹黃蛋。這是以薑、醋作主要配料，炒之前，蛋不加以打和，入鍋後，略加翻鏟，使蛋白蛋黃分別凝結，即刻潑上薑、醋，使樣子猶如炒蟹粉，味亦亂眞。爲求其更像蟹黃，可以加入鹹蛋蛋黃，但其蛋白必須捨棄，否則含鹹性的蛋白遇醋，便味苦難入口了。

溜黃菜。是以大量的豬油炒純蛋黃，訣竅在蛋白必須瀝盡，蛋黃在打和時加適量水（高湯更佳），鍋中重油大火，蛋黃傾入，略加翻炒見凝爲濃糊，即刻離火，再稍翻炒即成。其味濃膩可口，但不能多吃。烤鴨三吃時的這品菜，以鴨油代豬油更鮮美，若以素油炒之，則遜色殊多。炒時攙一點鮮嫩豌豆粒，或斬碎的荸薺丁，盛盤後撒點鮮紅的火腿屑，色味均增。

芙蓉雞片，其實可以無雞，只是純蛋白加點太白粉打勻後，在鍋中攤炒成片，略加蔥蒜等調味即成，這也是要用豬油的，若素油炒，其色便難純白。當然在蛋白中和以打爛的雞茸才名副其實，或以豬裡脊肉茸代之亦無不可。

蒸蛋花色較炒蛋略少。把蛋打和，加適量水，入鍋蒸成一碗嫩嫩蛋羹，家常吃只澆上點醬油已很適口，若用以享客，蒸蛋的碗選美觀點的，蛋羹只佔碗的一半，上面澆上海參、肚片、肉片等濃湯，色味均美。山西餐廳就有這樣一個菜用以入席。

蛋白加雞茸蒸成羹，上面加純雞湯配鮮荳苗，是名貴的「荳苗雞糕」。

蛋白加刮細的豬肝泥蒸成羹，是川菜珍品「豬肝糕」，應都屬於蒸蛋。

蛋打和而不加水，蒸成豆腐狀，再切塊，加肉末蔥薑，麻辣等照麻婆豆腐方法炒之比豆腐鮮嫩。

蒸好的蛋糕切骨牌塊，沾上蛋汁入油鍋煎炸後，再加醬油、酒醋、糖鹽等略煮，名之曰「溜雞酪」。

煮蛋也許有人認為除了滷蛋、茶葉蛋之外不可能另有花頭，其實事在人為，略用心思，便有不同。

把白煮蛋橫切成片，沾點稀麵糊，入油鍋炸成金黃小圓餅，沾花椒鹽吃，是秦淮歌女曾以待客的「金錢蛋」。

把蛋敲小孔，傾出黃白，打和加鹽，裝入原蛋殼，以紙封其口，排列鍋中再煮，熟了便成「混沌蛋」。

用前法攙入肉末、蝦米香菇等，煮成的則是「和合蛋」。

先塞一團小肉丸入蛋殼，再灌回蛋白，用力搖之，煮成了是「肉心蛋」。

最妙的還有把十多個蛋灌入一個豬尿泡中，紮緊其口，垂入井中，過夜取出煮熟，就會變成個蛋黃集聚中心的完整的大蛋，而不是黃白間雜的花蛋。

吃蛋除蒸煮兩途之外，當然其他尚多，有機會當再作「三談」。

豆腐的故事

一

由人體的必不可缺「蛋白質」，上兩次裡我們一再的談起吃蛋，可是，吃蛋在過去，在我國的鄉間，在我們的貧民階層，是認爲奢侈的。農家縱有不少老母雞，每天生下不少蛋，可是不年不節，若非有高親貴友來臨，誰家又捨得平白無故的「炒雞子兒」吃呢！

但，那些不經常吃蛋的人，並沒因缺乏「蛋白質」的營養而身體欠佳，原因何在？曰：「吃豆腐！」

「吃豆腐」在上海話可解釋作「佔便宜」，理由恐怕也是因爲豆腐「又白又嫩」，「好吃營養」，「價廉物美」，吃豆腐是絕對佔盡便宜也。這些無聊閒話少說，且正經的來談「吃豆腐」。

北方人吃豆腐以不失豆腐原味爲主，如小蔥拌豆腐，香椿拌豆腐，白菜熬豆腐，韮菜炒豆腐，都只是略取配料之味，實際上完全以豆腐爲主。江南的醬油蔴油淋豆腐，也還在此範疇之內。四川的白水煮豆腐沾「調味」來吃，表面上是眞正「吃豆腐」，實質上「調味」又蔴又辣（花椒粉與辣椒油），又鹹又甜（鹽、醬油與白糖），又香又辛（蔥末與薑末），再加上芝麻醬的濃膩，豆腐置身於此，絕對原味盡失了。

家庭中考究一點的吃豆腐，如鮮菇肉片燒豆腐，什錦豆腐羹，肉末炒豆腐，雞哈豆腐，豆腐鑲肉，冬筍香菇燒豆腐，都算高級的，至若紅燒黃魚、鯉魚裡面加豆腐，砂鍋魚頭裡面少不了豆腐，炖牛肉、炖豬肉也都可以用豆腐來「燴」，這卻是豆腐爲賓了。

豆腐十八配，大家都如此承認。愛抬槓的人卻說：「豆腐蘿蔔總擱不到一塊吧？」可是事實上，在山東省運河邊上的人們，卻常吃蝦米蘿蔔片熬豆腐。又有人說，雞湯裡加豆腐，那眞是不知貴賤，但是，有名的「畏公豆腐」卻是用最濃的純雞湯把豆腐煨透，棄湯而只吃豆腐呢。

「畏公豆腐」還不算最貴的，若和一則故事裡的豆腐相比。故事是如此的：有一位鄉間文士，不知怎的竟得入和坤（亦說年羹堯）之府作西賓，這煊赫府第尊重老夫子，每餐當然盛饌，大魚大肉會把人吃膩了，一天，老夫子乃對一小碗看來頗似豆腐的菜羹加以讚美，表示：「這樣豆腐，無妨常弄碗吃吃。」後來見庖下殺雞無算，才發現原來那是雞腦，乃咋舌說：「作孽，作孽，再不要吃這樣貴的豆腐了。」

除了這誤把雞腦作豆腐的土包子老百姓，也還有誤把豆腐作珍寶的皇帝的故事，那等有機會再談。

二

有把雞腦當豆腐的誤貴爲賤，也還有把豆腐當作珠玉珍寶的，這故事有兩種不同的傳說。一說是西太后被八國聯軍逼出了北京城，逃難途中在農家吃了菠菜炒豆腐，覺得新鮮有味，乃問：「這是什麼菜？」阿諛者答以：「是特別給老佛爺進貢的，叫做金鑲白玉板，紅嘴綠鸚鵡」。亂平返朝後，傳旨御膳房，要吃這個菜。這下子可難壞了御廚師，鸚鵡鳥不難殺而烹之，可是金鑲玉又怎能煮得熟呢？

另一說是乾隆皇帝遊江南，一日在一民間塾中與塾師閒談，適逢午餐，吃的也是菠菜炒豆腐，皇帝的食前方丈中，當然不會有這種平民食物，嘗個稀罕，自然覺得可口，也是問「此菜何名？」塾師賣弄文人巧思，說：「這叫翡翠燴玉板」。於是，這皇帝回宮後便也給御膳房出了難題。

不管這兩則故事的眞實性如何，菠菜炒豆腐的確可以稱得起是又好吃又好看，營養價值高而經濟價值低的下飯之物。每餐有此一盤，則所有的維他命ＡＢＣＤ、蛋白質、葉綠素、磷、鐵、鈣、菸鹼素都可無缺了，只不過脂肪較少，對體胖欲減肥者正合適，普通人或許會覺得素淡了些，但這沒關係，只要用大量豬油來炒，便濃膩香腴，毫無缺憾。

一般的習慣，北方人炒豆腐多是把豆腐切塊先入鍋用油煎透，就是變成「金鑲白玉板」那種樣子，然後再下各種配料，南方人吃豆腐喜嫩，多是先把配料等炒好，然後入豆腐燴煮，也便是「燴玉板」的形式。所以，「鍋塌豆腐」那種把豆腐混合肉末，然後沾麵粉，在鍋中用油煎成香脆的豆腐餅，切盤上桌的辦法，也只是北方館子裡的拿手菜。

和豆腐同出一源的，北平的「老豆腐開鍋」，也就是四川的「豆花」，都是點成了的豆腐不壓去水份的軟嫩豆腐坯子，這種吃豆腐坯子南北各省並不普遍，但現在臺北市卻不視作稀奇。目前我們的「吃」，倒眞是四海一家了。

有豆腐之名而實在與「豆」無關的，如雞鴨豬血等塊呼之曰紅豆腐，（炒紅白豆腐，倒是豆腐炒血塊），杏仁豆腐是杏仁霜太白粉合成，冷營養豆腐是洋菜蕃薯粉合成。還有四川的磨芋豆腐，也只是形似而實非。

豆腐不但在烹調上可以百配百宜，在調味上也鹹、甜、辛辣無所不可。冰糖炖豆腐可以當點心，白糖芝麻醬涼拌豆腐也不難吃。只是「吃豆腐」和「吃醋」卻絕不相配，試問可有誰吃過醋烹豆腐來著？

元宵裡的丸子

一

元宵裡的丸子並不是酒筵之上的一道名菜，而是我這純粹北佬初到江南引起的笑話。北方人正月裡吃元宵，餡子雖然也有豆沙、芝麻、山楂、玫瑰各種名堂，但卻絕對離不開糖，除了甜之外不會有別的滋味，而那年我在南京被朋友請去吃四喜湯糰，起初嘗到的豆沙芝麻兩個特大號的元宵，只是覺得油多了點，倒還甜糯適口，等吃到第三個，一股鹹膩的油汁流到嘴裡，不禁大吃一驚，定睛一看，咦！怎麼元宵裡有個丸子！原來那是隻肉心湯糰，於是，我這少見多怪的出洋相，便在朋友群中不脛而走。這事距今已三十年，自己在見識上早已不復是當初的鄉巴佬，但，在飲食的習慣，卻還墨守舊章，明知道湯糰比元宵做得細緻，餡兒講究，但還是不能忍受那包著肉丸子的。

從元宵裡的丸子，不由聯想到北方人把凡是圓形球狀的可吃之物都叫做丸子，譬如「揚州獅子頭」，我們叫它做「四喜丸子」，西菜中的煎牛肉餅，也叫做炸牛肉丸子。同時，一些非肉類也可做成「綠豆丸子」、「豆腐丸子」等。

在北方丸子之名雖如此普遍，但並無特別突出的如「揚州獅子頭」舉國皆知，不過，北方做丸子倒是眞的另有特殊手法。就以「獅子頭」爲例，它的正宗做法是細切粗斬，肥肉精肉是四六之比。切時各別處理，然後再行混合，爲的是要保持肉粒之間的距離，燒出來才嫩才酥，可是，任是做得多好的獅子頭，多好胃口的人也無法多吃，原因是太油膩了。假如不油膩，減少其肥肉的比例，則將成一團「死」肉，硬硬的有失獅子頭的美點了。而北方做四喜丸子卻另有一套，飯店餐館那標榜按照揚州正宗做法的不去講它，一般家庭裡，做大個的丸子，多是在丸子裡另攙配料，以荸薺、地瓜（涼薯）等爲配者還不算離譜，最妙的是以乾饅首屑代肥肉。也就是說，做丸子可以用百分之百的純精嫩肉，斬好後，除了加入蛋白、鹽酒等調味品，至少要攙上三成五成的（和肉的比例）乾饅首屑（隔夜的饅首，切極碎，經風乾。或者先把饅首切片在火上焙烤脫水後再揉碎）。如果是紅燒，可以略加醬油，先把丸子過了油，再行燒煮，如果是清炖，便是一鍋煮好的寬湯大白菜，把丸子做好放入菜湯中蓋鍋煮透。這種丸子，可以做成碩大無朋，一個大海碗中底下墊了白菜，上面擺上四隻已極壯觀，吃起來，鬆、酥、嫩、腴兼備，而無絲毫油膩之感。同時，家常吃時，只吃丸子不吃主食亦可果腹，因為裡面已經有饅首在了。

北方人會笑南方的元宵裡包丸子，南方人可曾見過北方這種丸子裡加饅首嗎？

二

也許有人認為北方人那種「饅首丸子」是鄉下土吃，難登大雅之堂，其實，若不說穿，不知之人，會只覺得其不過份油膩，在賣相上，絕不輸於一個一咬滿口油的大「獅子頭」的。

「獅子頭」除了純肉製成之外，加螃蟹肉的「蟹粉獅子頭」，更名貴，尤其是每只丸子面上貼著兩條整齊的蟹腿肉，看起來份外引人，不過北地不以魚蝦著稱，魚丸蝦丸平常人家極少自製，更遑論螃蟹，所以現在把這名貴者暫且不提，仍來就「土」吃而談。

過去我們做那種饅首大丸子，在饅首方面，確實加工不少，目前，市上有賣成筒的現成的麵包粉（即乾麵包屑，供炸排骨之用者），可以用為饅首的代用品，所差者這種麵包粉太細，太乾，若在肉中混合的時間過久，易變成糜，便黏而發死，若時間太短，其乾度未透，亦不是味，這是需要去體會運用的。

不過，如用這種麵包屑，對北派的焦炸小丸子，倒是非常增色。炸丸子為求其外皮脆焦，一般的是用回鍋辦法，就是先把丸子炸好，涼透，等臨上桌時再入大火熱油重炸一次，現在如把丸子外表滾一層麵包屑，炸好即會又香又脆了。炸小丸子配家常餅，大蔥甜醬，再有涼涼的綠豆稀飯，是大夏天的美食。

「氽丸子」也是北方人夏季吃飯（米飯）時愛用的一道湯菜。冬瓜片或小白菜，先入鍋煮之，俟其湯滾，把丸子一個氽入，一滾即離火，這種吃的是湯清而鮮，丸子香嫩，所以不宜用肥肉，一般的多是把鮮毛豆剁碎攙在丸子裡，以求其鬆。一顆顆淺粉色的丸子雜著星星碧綠，在色調上極為悅目。若攙荸薺或涼薯亦無不可，如攙蔥花，則地地道道的「土」味了。

丸子也是北方人過年時大量預備的年菜之一種，炸丸子是深色的，蒸丸子是淺色的，有這兩種丸子再配點肉片、肝、肚，便可裝個十分像樣的火鍋。金針木耳溜炸丸子是一個菜，黃瓜片炒蒸丸子（對剖為二）便可以是另一個菜。而且最後的主食仍可以是「麵皮裡包丸子」的餃子呢！

說起蒸丸子，一下子想到湖北的珍珠圓子，那肉丸子外面裹著一層亮晶晶的糯米，乍看給人觀感極佳，吃起來也真香糯適口，同是糯米為衣，卻比肉心湯糰使北方人習慣。不過，這珍珠圓子技巧在米要泡得透，肉丸沾米時要均勻，蒸時最好是直接放在籠屜中，若是擺在器皿裡，其蒸餾水積聚在底部，有的丸子便會被水泡得不成形了。

關於丸子，還有太多太多，一時說不完，現在不多說啦！

豬八戒

俗語說的「豬八戒吃人參菓」，是笑人飲食粗魯，不懂品嘗滋味的意思。本人小的時候被家裡的人笑說是個豬八戒，和上面的意思略有出入。也許這樣一說，大家會想到那一定是因爲長得醜陋，而有此雅號，其實絕對非也。原來爲的是我生來嘴饞，每餐非葷不飽，而又不吃雞鴨魚蝦，專門吃豬之故。

在北方除了燕菜席、魚翅席、海參席等高貴的酒筵之外，最起碼的有種「九大件」，窮一點的人家，紅白事情，多所採用。而這九大件也有粗細之分，細緻的包括全鴨全魚，粗糙的菜肴原料大都是出自豬身上，故又有豬八件之稱，「豬八件」的音一轉就也成了豬八戒了。

在這種大夏天兒裡，人的胃口不開，食慾不振，假若左一碗紅燒肥肉，右一碗大個兒丸子，再油膩的來些心肝肚肺，眞是別說吃了，看看已經想嘔了，就算我這有豬八戒雅號的人，對眞正的「豬八戒」酒席，也是想都不敢想。不過，實際上我還是眞的想來著。否則，怎會寫起這個呢！

我想的是如果入廚的人肯多用點心思，同樣的是「豬八戒」，也會使人吃得滿是意思的，現在試做如此假想：

以水晶豬腳、涼拌肚絲、焦炸肥腸、糟溜心片這兩涼兩熱的四葷肴來下加冰的生啤酒，或是冷凍的白葡萄酒，不是很夠味嗎？水晶豬腳在那一個水晶球旁可以配幾片紅艷艷的蕃茄片。涼拌肚絲多加碧綠的黃瓜絲。焦炸肥腸用生菜葉來墊底，糟溜心片加點白嫩的筍片，這樣色香味大概都很過得去了。

蒸個豬肝糕，燴碗天花（豬腦），可以當兩個大菜，然後紅煨排骨下飯，杏仁豬肺湯壓桌。這樣的「豬八戒」，該說是並不太膩人的。

夏天人都比較不喜歡熱炒的菜肴，用花椒、大料、茴香、桂皮等五香，調好醬油、酒、鹽、糖，再加蔥薑辣椒等配成一鍋滷湯，滷點豬耳豬頭、豬腳、心、肝、腸、肚以及雞蛋鴨蛋、豆腐干、麵筋之類，隨時切來上桌，則是又方便又可口的。不過，在所有的滷味裡，以別人不太用的排骨肉滷來最香嫩，這點是本豬八戒眞正的經驗，最近在這一連串的三十五度高溫天氣之下，本人，一直未曾正式煮飯炒菜了，每餐以滷排骨一大塊，配兩片吐司麵包，然後一盞濃濃的香茶，吃得舒舒服服，吃時絕不汗流浹背，飯罷又不用刷鍋洗碗。我想，目前，我這懶勁兒大概又可爲「豬八戒」之封號加一理由了。

膾不厭細

上次談到「豬八戒」，覺得意有未盡，現在，還是從豬身上打主意。

聖人對於飲食之道，有「膾不厭細」之說，膾者，肉絲也，大概「冬筍炒肉絲」是古已有之了。否則蘇東坡的「無竹令人俗，無肉令人瘦，若要不俗又不瘦，頓頓吃筍炒肉」便是語出無典。（一笑）不過，這古已有之的「膾」，傳至今日，好像是已日趨沒落，平常到大小餐館中隨便吃個榨菜肉絲什麼的，往往端上來的是盤肉丁肉末肉棒棒的雜炒，求其精求其細那等於緣木求魚。一般家庭的下座，更多不懂「刀工」，肉絲也者，不切成排骨肉塊已很對得起妳。

若是從吃肉只是吃其蛋白質和脂肪質的營養上講，粗切細切根本無所謂，可能粗切的蛋白質不會過於硬化，還更好些。但，若是從我們中國是以吃聞名於世界的，一切菜色，都有考究，那「膾」便不容許它是「小手指頭」了。

記得某一食譜談到「肉絲」，曾寫著「要先把肉切薄片，再看著肉的紋理橫切成絲，這樣炒出來才嫩，不致咬之不斷」。人家既寫譜出書，當然是學出專門，我們不該胡亂置評，不過，積四十年吃的經驗，肉絲的切法實在該是選一塊精肉，先順著紋理以快刀片成薄片，（因肉是軟的，切何能薄，除非是先冰凍了，凍豬肉切細再炒，炒出來有水氣，味兒便不對路了），再順著紋理切絲，這樣炒出才不致橫斷成肉茸。炒的菜除了「刀工」，還講究的是火工，一個炒肉絲若會炒出來不易咬斷，那恐怕只有炒的是鐵絲了。

炒肉絲有白炒、紅炒、加牽、乾煸之分，多視其配料而定。筍絲炒肉絲，最宜加牽白炒，那就是把肉絲切成後加些蛋白，少許太白粉，適量之鹽拌勻，俟鍋中油極熱，入鍋速炒速鏟動，筍絲當然是先經滾水炒過的，入鍋一混合即盛出，如此便是一盤白潔鮮嫩的「竹膾」，韮黃炒肉絲亦當如是，若是黃芽白爛糊肉絲，則宜「加牽紅炒」肉絲不必蛋白，只加少許太白粉和適量醬油，入鍋炒透，加入白菜絲，再炒透，因白菜本身出水，鍋中菜汁一定很多，再加太白粉，勾成糊汁，便成爛糊。若芹菜炒肉絲，榨菜肉絲，雪裡紅肉絲，四季豆肉絲，則都宜「乾煸」，就是肉絲本身什麼都不加，入鍋炒熟，加入配料，再加醬油鹽糖等。總之，加牽的是求肉絲之嫩，必須火大油多，乾煸的是求其入味。至若川菜中的乾煸牛肉絲，那是把牛肉絲在油中焙炒成肉乾，則另是一工，不在普通之例了。

最後：所謂的「牽」，是北平土話，太白粉、藕粉等加水成濃汁者，均如此呼之。

煙燻

連著在好幾個報上看到有人寫「北平燻雞」，當時便想到北方人是愛吃煙燻火燎的怪味的，燻而食之的，何止「雞」一項。

口之於味，眞是各地的嗜好不同，湘川臘肉，都是燻製而成，但北地人卻往往會覺得煙味難忍，輪到自己燻雞，便覺得「清香四溢」了，當然，這其間有其大不相同處。

湘川臘味，是肉醃了風吹乾之，再掛於灶口，其受煙也，煤煙、柴煙、爛木屑煙、花生殼煙，不一而足。燻成之物，絕對是失去了新鮮，只剩一股不悅鼻的煙氣味兒，是「異味」但不一定是「美味」，而北方人之「燻」，則完全不是這麼回子事。

且再先從燻雞說起。這雞不是風醃之雞，而是現殺現做的鮮嫩之雞（不是咬不動的老雞）有人說是把雞加蔥薑入鍋煮七分熟，其實，蔥薑並不重要，主要的還是鹽與花椒。把花椒與鹽混炒出味，遍擦雞身，置大盆中，加蔥薑，再給雞稍稍抹一層酒（黃酒、米酒、甚至太白酒都可），入籠蒸熟（比煮會保存鮮味）然後再加燻製。按照老法，是把雞置鐵絲架上，下面以松塔燃火，再以松木屑壓之使生濃煙。松煙清馨，直透雞肉。松煙雖濃，但因是明燻，並不會使雞變成烏黑。燻好，擦以蔴油，亮黃黃的雞皮，更是好看。現在，松木難找，因陋就簡，家庭自製，是用糖燻，其法別人多已談過，不必煩贅。因爲這種糖燻可以蓋鍋，兼有「焗」之效能，所以被燻之物，可以不必過熟，燻好恰到火候。

和燻雞並列的有燻肘子（去骨蹄膀），燻瓜尖（豬腳），燻天花（豬腦），燻雞鴨雜（雞鴨內臟），燻雞蛋，反正都是蒸之有味再燻的。

和燻雞不出一個系統的則是燻魚，江浙的燻魚是將醬油醃好的魚塊，大油炸成，與燻無關。廣東的生煙鯧魚是完全燻焗而熟，比一般的燻更純粹是燻。不過製作時不容易生熟恰好。

另外一種南人北地都有的燻小黃魚和燻魴魚，一般都是把魚稍擦鹽花入油煎熟擦上醬油再加燻焗，燻成的魚，香乾，鮮美，配粥下酒佐飯都宜，而且可以擱置三五日不壞，是四季咸宜的好吃食。這裡市上多帶魚，若把帶魚塊如此加工，想必也更爲適口。

烤——火燎

「煙燻火燎」，是北方人的一句成語，上次只談到「煙燻」，今天要談到火燎。實在的，「火燎」也從未被用於烹飪技術上作名詞或動詞的，試問，哪位又吃過「火燎活豬」？

不過，「火燎」之實卻又不少，只是在官稱上都說「烤」而已。我們中國之「烤」，不同於西菜西點，那種放在電熱器裡，烤箱之中弄熟的吃食，實在是我們的「焗」，我們所謂烤，一定是指著用明火，直接燒燎的意思。

關於這，有一段笑話，是說某鄉巴佬進北京，看見館子門口有涮烤二字，不解何意，後經打聽，原來是吃肉的方法，回家後便自作聰明，弄了一大塊生肉，先用刷子狠狠的刷洗一陣，然後便燃柴草烤之，結果是「皮焦骨頭生」，乃嘆曰：「一定京城裡的人都是沒鍋的，要不他們幹麼會吃這種燎不透的東西呢」。

其實，這種鄉巴佬大有人在，筆者在只聽「烤肉」這名詞之時，也認爲一定把肉又在大火上烤的，等後來親身嘗試，才知完全不符想像，當時曾認爲，「這等於在平底鍋上炒肉片嘛」！後來仔細體會，才識得個中眞味。在北平所吃的「烤肉」，大致上和現在標榜的「北平烤肉」，「蒙古烤肉」相同，但其細微的差別卻很大。第一，那裡用的烤肉支子，縫際較大，火焰可以透鍋而上。第二、那裡烤肉是隨烤隨吃，每次不過烤十數片肉，略烤即熟。第三，那裡烤肉時只配很少的蔥絲香菜，絕沒有青韮、洋蔥等出水的蔬菜，而佐料也只略沾頂好醬油，不似這裡又是薑汁，又是糖水。所以，烤出之肉，略帶燒焦的香味，是炒肉絕對不會有的。所以「烤」肉還是名副其實的，存有「火燎」風味。

烤鴨當然也是眞正懸鴨於明爐之上，否則鴨皮不會香脆，這和烤箱中的「電烤鴨」一比就可以明白。廣東的「燒乳豬」，同樣是烤。「叉燒」則是烤肉條，其實是炸的。不過，上面所談的「烤」，多不宜於家常，因一般家庭之中，很難有那種設備，試想，在新式的公寓樓中，可以大燃明火吃烤肉嗎？

但，也還事在人爲，當隆冬之際，室內生一盆紅紅炭火，火上支個鐵絲架，雞翅鴨膀，或肫肝雞什，或魚生肉片，先以佐料（醬油等）浸好，再串以鐵絲，放在架上慢慢炙烤，或家人圍坐，或友好淺酌，其風味又殊於「火鍋」或「雞素燒」了。當春秋佳日，郊外遠足，便當盒中，帶著了肉類，只要有火柴一盒，鐵線一卷，亦可隨地取「柴」，大吃「燒燎」，這種野餐，比其他方式更富「野」味。

「叫化雞」當然是很原始的，該屬於「烤」，可是，那實在是「煨」多於「燎」，等於隔著泥土燒熟的，雞肉絕無煙火氣。至若「富貴火腿」，如今純是餐館中的名菜，從野蠻進入文明，不在今天所談範圍之內了。

關於「鴨」

從前在北地，鴨子的身價好像比雞高得多多。似乎聽人說過，酒筵之名貴者，首推「燕菜席」，其次即曰「鴨翅席」（這鴨翅並非鴨之翼，乃全鴨與魚翅之合稱）。所以，一般家庭中，平常很少食鴨者。過年殺豬不稀奇，待客殺雞更平常，唯獨鴨，誰家無緣無故會炖隻鴨子呢。要吃鴨，只有上館子，而且，除了烤鴨，若隨便點幾個菜，也很難得就輪到鴨身上。北平中山公園長美軒以「香酥雞」出名，「香酥鴨」是到臺灣以後才在「食堂」中「開葷」的。因此之故，起初也許是成見，也許是少見多怪，心裡一直便認爲鴨不宜於家中烹製。但爲了入鄉隨俗，將近二十年的時光過下來，竟發現鴨也竟宜奢宜儉，而且，論價格牠比雞便宜，論斤兩牠比雞實惠。雖然不能「白斬鴨」，「鹽焗鴨」，「汽鍋鴨」的完全和雞同樣派用場，可是，像湘菜的餛飩鴨，清炖一鍋整隻鴨湯，煮入幾個餛飩，以精美大海碗上桌，用以待客也是既好看又中吃。

香酥鴨在現時現地是很普遍了的，但往往難以弄到恰到好處，它的烹作技巧，在於蒸一定蒸到透熟，而不可弄得皮破肉爛，蒸後必須吹到涼透，然後再鍋大油多火猛的一炸，若是小炭爐子小鍋，再淺淺的油，左翻右轉的半煎半炸，則做出來的一定是酥也不酥，香也不香，賣相欠美的。有人更想多加花樣，鴨肚中塡以糯米八寶，在理想上當然是外焦內糯，非常好吃，實際上，這便更需要技巧，若是米硬而未熟，肉爛而不酥，反而不美。所以，筆者一直做香酥鴨都配以雞蛋，美其名曰「子母香酥」。也就是把煮好的雞蛋去皮，和鴨同樣入油炸成焦黃，然後再半裝鴨腹，半擺在鴨下，旁邊配以花椒鹽上桌，如此給人的觀感較新，吃起來也不壞。至於八寶鴨，我卻認爲與其塡整隻的，還不如廣東館中的「八珍扣鴨」爲上。把鴨身切成骨牌塊，先在碗中擺好，上面加上糯米八珍，入籠蒸透，吃時扣入大盤中，如爲了情趣，無妨在盤的前端擺上鴨頭，尾端擺上鴨腳（當然是同時蒸煮的），兩邊再飾以蕃茄片、鳳梨片等。這比把一隻整鴨，上桌後再破腹食來，弄得滿盤狼藉好些。

普通家常下飯，紅燒鴨塊，酸菜鴨湯都很好，想換換口味無妨來它個咖哩鴨塊，不怕辣的以磨芋豆瓣醬燒鴨塊更味濃香辣。醬汁鴨子涼吃下酒極好，鹹水鴨則買自板鴨店比自製方便，此外，如鳳梨生炒鴨片，當歸鴨湯，則地域性太濃，不是人人愛吃的。倒是北平館中的「海參扒鴨條」，在目前比較少見了，哪次請客時擺出這麼一盤半白（鴨條）半黑（烏參），汁濃味厚的大菜，一定很可叫座兒的。

珍重一隻雞

記得曾經在哪兒看到過一位「巧婦」的大作，她寫出「一雞三味」，也就是說，如果宴客，只買一隻雞，一半做白斬雞，一半做炖雞湯，然後再來個炒雞什。眞是經濟到家，在理論上這當然沒有什麼不對，但實際上烹製起來，恐怕有點不盡如理想，因爲做白斬的雞要「嫩」，而煨湯的雞該「老」，買了老雞，白斬便不太是味，而且一付雞什想炒一盤，如非其盤至小，便得配料多過主肴，而不夠氣派了。同時，白斬和炖雞，都是白水煮，不見烹調技巧的。筆者倒曾做過不少次試驗，買隻二斤多重的剛要生蛋的母雞（不老不瘦的），試做二吃，倒很不失雞的價值，而且在十數個人一桌的家常便席上，吃起來，看起來，都還像個樣子。

一組是把雞脯肉片下，切絲，做成「豆苗炒雞絲」，或「銀芽炒雞絲」，或「雙白絲」（鮮筍絲），以及鮮菇嫩蠶豆燴雞絲。這幾種「雞絲」，主要的要做到「又白又嫩」，其訣竅便是用豬油炒，不加醬油，如雞絲稍嫌不夠，添上幾塊錢的裡脊豬肉，先切了絲以清水泡一兩小時，漂淸血色，混合炒之，絕對不辨眞僞。剩下的雞連骨斬成小塊，配上咖哩洋芋、洋蔥作成咖哩雞，或葡國雞，都是濃香適口的菜。葡國雞和咖哩雞的小分別是前者把雞塊沾了麵粉炸黃，然後再以咖哩、奶水等炖煨，後者不炸而煮。這道洋味兒的菜，只要洋芋、洋蔥用配得宜，火候夠，便佳，用不著一般食譜上規定的什麼椰子油啦，起士啦，玉桂粉啦的。

再一組是把雞身及雞內臟切條塊，以好醬油、酒、糖、蔥薑淹泡兩三小時，再包以玻璃紙，炸成「紙包雞」。剩下的雞頸、雞腿、雞翹等，配上點火腿，加上筍塊，燒成「雞火鮮筍湯」。

還有就是把雞脯肉切丁，入淡淡的糖水中泡片刻（爲的是求嫩）配上辣椒花生米炒做「宮保雞丁」。其餘的部份斬塊，沾裹麵粉炸成球狀，然後放湯煮之，如果用雲南汽鍋雞的那種器皿盛之，便是「汽鍋雞球」，用普通大海碗亦可，配香菇的可稱「香菇雞球」，配點鵪蛋亦可稱「雙球香露」。總之，用點心思，一隻雞當兩個菜，看起來比白煮一隻雞精緻些，同時也經濟些，吃起來也不見得不實惠。淸炖老母雞，湯當然是好的，可是那煮成一塊塊的又老又死的淡而無味的肉，又何嘗可口呢！

鍋燒與鍋塌

不久之前，看到某位名家在報上談到鍋燒鴨的做法，研究了一下，覺得「鍋燒」和「鍋塌」實在是極爲近似的，而實質上都是油裡炸。

鍋燒鴨的做法，人家已經說過，是把鴨蒸極爛，然後把骨剔去，把肉弄作一團，再裹上雞蛋麵糊，入油中炸焦黃，然後切塊上桌。關於這，我只覺得有兩點訣竅，人家還未經指出，第一是，剔除鴨骨時要仔細手法，最好鴨皮不破，使去骨後之鴨維持板鴨或琵琶鴨的樣子，是個鴨「片」而不是鴨「團」。第二是，剔骨後的鴨肉要吹至涼透，能入冰箱冰得較硬則更好，這樣當沾麵糊時才不至稀爛八糟。假如是一團爛熟的熱鴨肉，再去裹麵糊，怎麼捧？怎麼拿？眞使人有點不敢想像。

准鍋燒鴨之法，山西餐廳有道別處不經見的名菜，是「鍋燒肘子」，其實，就是把豬蹄膀蒸熟，（煮亦未嘗不可），去骨俟涼，裹麵糊炸之。它的好處是外焦內腴，吃來肥而不膩，瘦肉地方更爲焦香。不過，麵糊裡雞蛋的比例，和油炸時的火候，是要技巧的，假如麵糊裡雞蛋過量，炸時則太酥鬆，成了日本料理「天婦羅」那種樣子，泡泡的反而不美，假如不加雞蛋，則麵糊太死，也不理想。一個蹄膀只用一只蛋白（不要蛋黃），大概是恰到好處。

由此類推，鍋燒黃魚亦無不可，不過，假如把生黃魚先切塊再沾麵糊而炸，那只是麵拖黃魚，不能叫做「鍋燒」，鍋燒好像一定得以「熟」物整塊而炸，炸好再切才是。而且「鍋燒」不可忘了花椒鹽。不過，假如翻新花樣，配點甜麵醬，或蕃茄醬，亦無不可。除了雞鴨魚肉可予以「鍋燒」之外，豆腐亦可效顰。「鍋塌豆腐」正是北方菜館中的名肴。

「把豆腐加肉末蔥花鹽等和成一碗爛糊，平底鍋略抹一鍋油，攤上一層麵糊，再把豆腐加上攤勻，豆腐上再澆一層麵糊，做成一張大豆腐餡餅似的，出鍋後稍涼，再加大量之油，炸之使焦，然後切塊上桌。大概也就因爲它是先「攤」後炸，所以才叫「鍋塌」。反正不管「燒」也好，「塌」也好，都是以費手續當先，大概它們的名貴處也就在此。家常宴客，紅燒個蹄膀不算什麼，若費點事弄個鍋燒肘子，便覺精緻。肉末炒豆腐根本難登大雅，可是「鍋塌」一下，便也可觀可嘗了，吃之一道，竟不簡單如此！

高麗・拔絲

菜肴的名字，有很多是不可解的。譬如上次談到的裹蛋麵糊炸的食品，叫做「鍋燒」，而以同樣的烹製方法，只不過是把調味的「鹽」換作糖，就又叫做「高麗」了。

高麗本是韓國的舊稱，也許這種烹飪方法由韓傳入吧？但，這種推測絕對不會正確。不過，「高麗」只見於北方飯館中，川揚湖廣等菜單不見此名的。

「高麗蘋果」，「高麗香蕉」，是北方館子菜牌子上列於「甜菜」一欄裡的主要菜式，名字雖很新穎，吃來則平平。試想，以蘋果或香蕉切塊，沾裹雞蛋麵糊，入油鍋炸焦黃，再撒上白糖，有啥稀奇？倒是一種又名「炸羊尾」的「高麗澄沙」，可口得多。「澄沙」就是「紅豆沙」，豬油炒好的紅豆沙，團成湯糰大小的球體，俟冷後硬挺，再沾麵糊去炸，外酥內腴，比炸「元宵」精緻而好吃。

再有「高麗肉」，則可甜可鹹。原來是把肥豬肉切片沾麵糊炸熟，沾花椒鹽或糖均可，其實，這原該屬於「椒鹽排骨」，「軟炸肫肝」及「炸肥腸」之流的，多以之配「家常餅」同吃，它另有個名字叫「炸脂蓋」，也可以說使不吃肥肉的人嘗試肥肉的一種方法。對於這個菜，筆者曾試以改良，就是不一定用新鮮的肥肉，舉凡紅燒肉啦，蒸扣肉啦，家鄉肉啦，一些當時吃剩下的肥的部份，（這是每個家庭常有的情形，肥肉總是剩在最後）設法使其冷硬，再切成極薄的片，不必用雞蛋調麵糊，只把雞蛋打散，就以肉片沾了這蛋汁，再薄薄沾一層麵包粉或太白粉，炸透而食，香脆可比美北平烤鴨脆皮。配以大蔥甜麵醬、捲餅、夾饅首都是極為美味的好吃食。

把高麗蘋果，香蕉之類，重行加工，外面再沾以熬好的糖漿，就是拔絲香蕉或蘋果了，不過，拔絲的正宗是「拔絲山藥」。山藥去皮切滾刀塊，入油鍋炸熟（不必沾裹任何東西），再以清潔之鍋熬糖，（白糖加少量水）熬時頻頻以筷子沾糖汁離鍋試驗，當兩筷之間扯起糖絲時，立刻把「山藥」倒入，鏟炒一勻，快速盛入盤中。拔絲的技巧就在這一點的把握時間上，糖熬得不夠火候，絲拔不長而吃時糖沾牙齒，火候過了，糖又脆了而拔不成絲。在臺灣「山藥」不是經常有的東西，筆者亦曾改良，試以紅薯，芋頭如法泡製，都很成功，而且美味過之，如果不為了「名貴」，我寧取「紅薯」。同時，在設想中用大的檳榔芋做「拔絲紫芋」名兒也頗響亮，實質當也並無遜色。這是喜甜食的人們該試驗試驗的。

菊花鍋與涮羊肉

過了桂花香的八月，菊花黃的九月也已去了大半，當此秋風正緊，秋意肅殺的季節，在大陸上各省各地，大都講究進補，開始吃火鍋的時候了。

北平的立秋貼秋膘，是以涮羊肉爲主，筆者雖爲北地人，應視之爲美味，但對那腥羶之氣，也總覺得不夠「高雅」，所以現在是先從江南江北，川湘各地都應景而吃的菊花火鍋談起。

我想，在此地凡是在秋冬之際吃過考究點的川湘菜館筵席的，大都見識過了在各種大菜之後壓尾而來的一個銅架火鍋，鍋內有滾沸清湯，鍋下當場以酒精點燃，隨鍋而上的是腰片、雞片、魚片、肝片四盤生葷，外加菠菜、茼蒿、粉絲等物。侍者在揭開鍋蓋之後，即以很迅速的手法，把盤中各物，一古腦兒傾入鍋中，俟煮略沸，即分碗盛送，於是每人分到一碗煮雜燴。說它鮮嗎？在已經酒足菜夠之後，實在已吃不出什麼好吃，說它有情趣嗎？只是看著烹煮而已，沒啥兒！

據筆者的記憶，我家以菊花鍋宴客的情形是如此的，頂多有四色冷盤下酒，其他煎炒等菜肴一概不用。所用火鍋樣子倒是和現下菜館中用者相同，不過我們叫它作「火碗」，「碗」中是去油雞湯，下鍋的物品當然不外雞魚肝腰等，但主要的還是一大盤白菊花瓣。和菊花瓣形似的還有油炸過的粉絲，切細的黃芽白菜。吃時是任客人隨意以箸拈取，在鍋中燙熟，立即進口，並非是混煮一鍋，然後分食。菊花只取其清馨，並不宜大箸狂嚼，其他生片，也是只求其鮮嫩，這種吃法是湯頻添，火要常加，淺酌低斟，幽雅斯文。酒足之後，以鍋中餘湯泡飯，配以醬瓜等小菜，眞是吃到飽而不膩，清芬留頰的，絕非現在餐館中那種混煮雜燴的樣子。

涮羊肉的吃法程序也該如上述，只不過用具是以燒木炭的火鍋，而生片以羊肉爲主。同時因爲羊有羶氣，沾食的調味，是由芝蔴醬、紅腐乳，韮菜花醬、料酒、蝦油等去羶等多種佐料混合一碗，而吃菊花鍋只要有好的醬油已足。還有就是吃菊花鍋時，隨吃隨飲其湯，而吃涮羊肉是先大口吃肉，到最後才行喝湯。再就是涮鍋之湯宜煮雜麵條或拉麵麵條，以之泡飯，則不是意思。

在家庭中如以上面兩種「火鍋」宴客，容器用具不齊備，以淺淺鋁鍋（不可用煮飯鍋，鍋深燙手又不見物），小小火爐代之，也另有情致，只要吃時的氣氛與程序無誤，一樣會引人讚嘆的。

沙茶・毛肚・雞素燒

從菊花鍋，涮羊肉，不由便會聯想到沙茶牛肉，毛肚火鍋，和「四喜亞喜」來，因爲在吃的方法和形式上，這幾種是絕對「大同小異」的。

「沙茶牛肉」和「涮羊肉」幾乎是完全相同，所差者只是小碗中那點兒沾肉片的調味而已。涮羊肉的調味如芝蔴醬，紅色豆腐乳等，菜場食品店都賣，只韮菜花醬一味，可能不易買到，可是如果買點韮菜苗連上面的花蕾一同搗爛，加鹽醃上半天，也就有了，所以，北方人在冬令家中宴客時以「涮」是很省事而又實惠的。而「沙茶牛肉」比前者更爲方便，「沙茶」在大的牛肉店或賣「沙茶牛肉」的小館中都有出售，十幾塊錢一瓶，足夠十餘人份分用。「沙茶牛肉」本來就是小炭爐小鋁鍋的，這兩種是差不多家庭裡都有的，不比「涮」還得以「紫銅火鍋」才夠氣派。切兩斤牛肉片，再來點魚片，蝦仁，肝腰等，豆腐，粉絲又都是便宜東西，七朋八友大家吃一頓並用不了三幾百元，如果喜歡「沙茶」的辛香之味，在家庭中吃吃這種火鍋最合算。

「毛肚火鍋」和前兩者不同的是前兩者都是用清湯，而後者是把調味都放在鍋裡。一鍋中有花椒，有豆瓣醬（豆母子），有牛油，有蔥薑，有辣椒，有鹽等煮成的又辣又鹹的濃湯，就用這湯來煮各種生片吃。一般人多用小碗把生雞蛋加蔴油打和，用這蛋汁來沾鍋中煮熟之物，說是可「清火」，其實，蛋汁的原意該是以生片沾了再下鍋，如此才更「嫩」。不過，這在各人所好，怎樣都可。只是，筆者本人絕不如此先後倒置。試想，起初鍋中湯尚未太濃，而碗中蛋汁正最清淡，沾後的肉片等，入口腥淡無味，其後，湯濃碗膩，越吃越鹹越辣，豈是合理辦法！

「四喜亞喜」是日語發音，過去華北等地，都寫作「雞素燒」。前數種火鍋都是以湯「煮」，獨此種近乎「炒」。小炭爐上架平底小鐵鍋，鍋中先放牛油或豬油，再加醬油和糖，然後便下肉類生片，油重糖多，取其味濃，如鍋中太乾便下白菜，蘿蔔絲，蕃茄等，求其稍有水汁即可，絕不能大量加水。若用水煮，便非「雞素燒」了。

這三種「火鍋」比較，沙茶是調味香辛，湯清而鮮，毛肚是一鍋濃烈，大辣大鹹，「雞素燒」是旣甜且鹹，味濃而不烈，適口不膩。所以善吃者不論哪種，都要保持其獨特風味，假若把「沙茶」裡加糖，「雞素燒」沾辣油，「毛肚火鍋」不以「毛肚」，「腦花」，「脊髓」等爲主，而下蝦仁，魚丸，那便完全不是味道了。

蝦的吃法

一

蝦是很好吃的。不管它是淡水蝦、海水蝦、大龍蝦、或是小草蝦，都各有它的可口之處。

龍蝦名貴，自不必說，家庭中宴客，如能擺出龍蝦沙拉，或炒龍蝦片等當然顯得這席酒筵非凡，可是，這主要還是在那色菜肴之上，要擺上那支張牙舞爪的紅色龍蝦殼兒，以它的聲勢來動人，假若不如此，只憑味覺來感受，龍蝦的粗而硬的肉，實在並比不上明蝦或新鮮的蝦仁。

乾燒明蝦，茄汁明蝦也都是比較名貴的，使其味美的訣竅首先當然是蝦的選擇，青皮的那種最爲新鮮，但不易買到，花紅皮色的，只要它頭部和身軀接連之處完好，便也可用。第二是蝦的處理。假若把蝦剪去鬚腳，破背抽去泥腸，甚至切成段兒，然後才洗，如此乾淨當然是乾淨，可是蝦味也就失去很多，頂好的方法只剪好蝦的鬚腳，就加以沖洗，洗淨後，再抽腸。如蝦量夠派用場，當然以不切段爲最好。第三才是烹製。如果以一大鍋油，把全部蝦倒下去炸之，然後瀝油再加調味燒煮，省事是省事，但也是失味的。一般家庭中鍋既不會太大，同時也求省油，最好是用適量的油，把蝦三五隻三五隻的入鍋以油煎透，最後就以原油爆蔥薑等物，再把蝦排鍋中，或加糖酒醬油等燒至湯汁入味，或加茄醬翻炒，如此才蝦的原味全存，鮮美可口。

白汁明蝦或琵琶明蝦該說是西法中吃的。把明蝦整隻入籠蒸熟，去殼後擺在盤中，就蒸出來的蝦汁，加酒、鹽、牛奶、玉米粉或麵粉（太白粉嫌其透明）煮成濃濃白汁，澆於蝦上便是「白汁大蝦」，重要的是蒸蝦時要放大量蔥薑和酒以去其腥。把蝦蒸熟去汁加沙拉醬，也稱白汁。

蝦去殼留尾，從背剖之拍扁，沾裹蛋汁麵包粉，入油鍋炸成，形如琵琶，頭中尾外擺在大盆中，旁襯以生菜葉，蕃茄片等，是比每人份的西菜「炸大蝦」來得動人，其中滋味相同。若只沾蛋麵糊，不再沾麵包粉，而蝦也身不動，炸出來的便是「和」菜「天婦羅」了，酒席中有這樣或西或日的菜色點綴，可顯得不太單調，也頗可取的。

翡翠蝦球是可以用較小的明蝦，或較大的海蝦來做的。蝦的處理方法如前，去殼留尾，把它背部半剖，吹去水份，略沾一點太白粉，入油炸之，即蜷曲如球，外面翹著一段紅尾，把這炸好的蝦球，或加茄醬，或加醬油等炒之入味，再另以鍋炒菠菜，或芥藍菜，或菜劍等先鋪於盤底，上面再排列這蝦球，紅綠相映，色美味香。在國菜中是劃歸「粵」式的。

二

上期所談是蝦的「大」也者，現在該談及「小」。

淡水青蝦最原始也最鮮的吃法，首推「熗活蝦」，不過此時此地淡水產物多有吸血蟲寄生，這種吃法有「吃河豚」之險，當然以不冒險為宜。但是，那種都是寸來長的薄皮青蝦，剪鬚腳，洗得乾乾淨淨，又以燒酒灑滿消了毒，那醉了的蝦鮮意未失，那未醉的猶自活蹦亂跳，上桌時一盤盛蝦，另盤盛醬油、醋、麻油、薑末蔥花等調味之品，當著食客把兩盤一合，上下晃動幾下，這是使蝦沾滿了調味，也是使它受大震盪而完全暈昏；這間，舉箸取蝦，精於吃者是以齒舌在口中來剝蝦皮的，活鮮蝦肉，在舌上猶有蠕動之感，比「洒西米」實高明多多，識味者恐思之即動食指。

炒蝦仁很普通，只是最好先洗後剝，如此鮮味保存得才多。炒蝦仁定要火大油多，才不致炒出水來，配茄醬，配青豆，配腰花，配腰果，無所不可，如把茄醬炒的紅色蝦仁，和青豆、青椒丁配炒的蝦仁雙拼於一盤，是好聽的鴛鴦蝦仁，蝦仁炒腰花加配腰果，便又是「蝦仁雙腰」了。

如想把蝦仁烹製得別緻些，可以將剝好的蝦仁從背上剖之，略加太白粉拍打，使成平片，過油使熟（過油是大火多油，入油一燙即瀝出，不是炸之焦黃），然後配筍片，豆莢，葫蘿蔔薄片（最好切成梅花形，或菱形等等）炒成五彩蝦片，色味均佳。

「雞皮蝦丸湯」是紅樓夢中寶玉生辰時芳官要來單吃的美味，家常宴客「雞皮」未免太奢，如以魚蝦雙圓爲湯，一紅一白，同等鮮嫩，是可以叫好的。尤其是如果利用剝下來的蝦皮、蝦頭等剁爛，以清水瀝過，去皮渣留水，以這水煮成湯，上浮紅黃蝦腦，鮮甜與雞湯不同。

「蝦仁吐司」，「炸蝦球」等等，無非是剁蝦肉成糜，混以適量肥豬肉糜（不加豬肉，蝦肉則老而硬），炸之而成，無甚巧藝，也並不是特別好吃。不過，如果做蝦球不懂得加蛋白多打，則炸成的蝦球不會發成大大。而做蝦仁吐司爲了省事，便用整片的吐司，一面塗上厚厚的蝦糊，炸好後切條，和把吐司切成骨牌塊再塗蝦糊炸成一個個的小枕頭，其色、味均無差別。

至於「豆腐汪蝦仁」，「蝦仁跑蛋」等則都是家常粗品，韮菜炒小蝦，則更等而下之。可是，前兩者下飯，後者配家常餅吃起來，口、胃的實惠，比一般飯館中徒有蝦仁之形，實則「味精」之味的臭蝦爛蝦好得多了。

好吃莫如餃子

最近因為一再的談到「蝦」，心裡著實的為家鄉的暮春時節的「韮黃大蝦」餡兒的餃子發饞。

說起餃子，北方人有「好受莫如倒著，好吃莫如餃子」之說，尤其是筆者本人，更被人笑過「見了餃子不要命」。可是，也有很多不是黃河流域的人士，認為「餃子有什麼好吃，麵裡包一團肉，還不如獅子頭呢」。這話說得不無道理，主要的只在他沒有仔細的去品嘗那麵皮的「糧食滋味」，同時，好的餃子餡兒並非只是「一團肉」的！

現在一般家庭裡吃餃子，為了省時省事，在肉攤子上絞上一斤肉，在切麵店裡買上一斤皮兒，包出來的雖然樣子完全是「餃子」，實在的滋味是差得遠了去啦。

餃子的考究，皮兒佔百分之四十。麵粉是高筋的還是差點兒的倒無所謂，主要的是在其軟硬適度（買的餃子皮麵太硬，同時洒有太白粉，煮出來一點麵的香味與韌勁都沒有），俗說：「釀麵餃子硬麵湯」，「釀」就是不硬而又非稀軟爬拉的意思。除了麵量和水份配得好，還要「省得透，揉得夠」，就是和好了麵要放置三二十分鐘，然後仔細揉搓，直揉到麵塊的表面像剝皮的熟蛋那樣光滑，然後才分成「小劑」，擀趕成麵皮。這樣的餃子皮包時容易，可隨指捏而黏合，不像買的皮子還要沾水，包好的餃子下鍋後不易破，煮成的餃子吃在口內香軟而韌。餃子皮如做到上面那種程度，可說不論包什麼餡即那已佔了百分之四十的好吃了。餡子只要略加注意，就會十分理想。但是若像街頭上一般賣的那種餃子，以下肉加菜邊菜皮剁成的，當然不成。

餃子餡最考究的首推「三鮮」，這三鮮是海參、蝦、豬肉。豬肉要細切粗斬，碎而不糜，蝦與海參都切成細碎小塊。但這之外還要加點筍丁，和黃芽菜（筍和菜都要煮過再行切剁）。拌餡的調味只能加少許白醬油和鹽，不可用普通醬油。加豬油，略以少許小磨蔴油提味，還要加適量的煮濃的肉皮湯（不可攙入皮屑）。餡拌好放置一兩小時，肉皮湯和豬油冷凝，餡才黏膩好包，煮熟後的餃子裡才會一包鮮湯。不過這樣餃子以之待客是表示豪華，家常當飯吃，則嫌膩了點兒。家常餃子，豬肉當先，不過北平城圈裡的人則愛吃羊肉，也有很多人愛吃牛肉的，可是，不論以什麼肉作主，總還得配以適宜蔬菜，像「小籠包餃」那樣一個肉丸的餡子，絕不是正宗的北方餃子所取的。

再談餃子餡

關於餃子，雖然談了不少，可是餡的部分，尚有很多可說的與該說的。

北平人家常吃餃子，大半多用羊肉，所配的蔬菜以「西葫蘆」、「冬瓜」爲上，冬天的大白菜，則不是頂對味兒的了。此地羊肉較稀，「西葫蘆」等更是少見，談也等於空談，所以暫予不談。

牛肉作餡，有的人很喜歡，因其味濃，但也有人不太愛吃。不過，如以牛裡脊純瘦之肉剁細，再打入少量之水，以豬油爲主，蔴油提味來拌餡，則既無牛肉的「羶」與「柴」，卻比豬肉鮮而香了。

牛肉餡打水是拌餡兒的很重要的手續，普通的瘦牛肉，一斤肉餡打入四兩水，裡脊肉則可以少打點兒。打水的方法是把牛肉餡置器皿中，用筷子數支，一面打攪（如打蛋），一面徐徐加入清水，把餡打成糊狀，再加蔥末薑米，油鹽醬油拌之。牛肉餡宜配大蔥、蘿蔔、胡蘿蔔，以及芹菜等。其中除了蔥是生切細末，其餘三種，都要先加焓煮，然後再剁碎。

豬肉餡是餡之正宗，可說是配任何蔬菜均宜。冬天的大白菜加韭黃，可說沒有人不喜歡吃的。只不過，如果剁白菜的時候不加鹽，剁後不擠去水份，而把韭黃同時加入拌攪，則餡會水漬漬的既不易包，又不好吃。換句話說，也就是白菜要剁得細，擠得乾，先和肉拌好，隨包隨撒上韭黃末，才能包出最成功的餃子。

豬肉韭菜更普通，不過爲了不要使韭菜過多，又想肉不至於多而膩，加點鮮豆腐是很好的辦法。

豬肉菠菜，豬肉小白菜，豬肉豇豆，豬肉四季豆，也都是好餡。豬肉餡先加蔴油、蔥、薑、醬油醃拌，等一切準備妥當，臨包之時，再把蔬菜混入。以上蔬菜也是需先行以滾水焓煮之後剁而擠去水份的。

豬肉茴香菜，是宜先把豬肉餡炒熟，茴香菜只略燙一下，即行切剁的。豬肉茄子餡，都是先要把茄子去皮切小丁，入油鍋炒熟，然後再拌生豬肉餡，這兩種是比較特殊的。

有的人認爲豬肉也該打水，在爲求量的增加上，當然可以，但爲求味美，則絕對不可。只要蔴油醬油的量加得恰好，餡子自然不會硬而柴的。大半一斤豬肉要三四兩蔴油爲合適，否則便不夠味。

寫到這兒想起一件笑話來，一位朋友，在舍下吃過餃子，問了所用材料，回家便也自製，但她說：「我包的餃子餡乾乾一團，一點也不好吃，是怎麼回事？」研究之下，原來是她只放了幾滴蔴油，像街頭賣麵的那種往麵裡滴蔴油的方法滴的。

滷菜的秘訣

滿街的小食肆裡，麵攤子上差不多都有滷菜附售，在樣子上，滷蛋、滷牛肉、滷鴨、滷豬舌、滷豆干等好像是應有盡有，可是認眞的品嘗起來，能夠眞的適口好吃，又香又鹹的並不多。什麼原因？不外是滷湯不好，火候不到之故。實在的，做滷菜是最容易又省事的事情。目前，天氣涼起來了，即使是沒電冰箱的家庭，也可以煮一鍋滷湯，隨時滷點東西食用的。

煮滷湯，主要的是所配的香料問題，普通的，第一次如滷二斤肉、十個蛋、半隻鴨，到中藥舖要他配花椒、大料（八角）、小茴香、母丁香、桂皮、豆蔻一共五元新臺幣的，就足夠了。其中小茴香要較少，花椒要較多。把這些東西，裝在一個小紗布口袋裡，放入鍋中，鍋中加八分滿的水，加足量的濃色好醬油，一杯黃酒或米酒、鹽、糖、蔥、薑、辣椒（看口味可多可少）先行煮沸，然後即把所要滷的主料（如肉、肝、雞、鴨等）放入。豬頭、豬耳、豬肝、雞鴨等煮一個多鐘頭即熟。

如滷牛肉，則需時較多，不過也可以「重滷」方法，比較更爲入味。就是牛肉第一次滷半熟，取出放涼後，再入鍋滷煮。一切滷品取出，涼後切剁裝盆上桌，這些不必細說，「主題」該在滷湯的處理。如果是用大的砂鍋煮的則先把紗布香料包取出，再把湯置火上，蓋好煮沸，不再開蓋，離火放置妥當地方，可以三五日不壞，如三五日內不再滷東西，可把湯重煮一次，這樣隔些日子煮煮，湯越久味越濃香。所用香料包擱置通風處晾乾，再滷東西時，再放入同煮，可用三次。覺得滷湯香味漸淡，就要再換新的香料。糖鹽酒醬油每次添加，蔥薑也要每次新置。假如是用鋁鍋鐵鍋等滷煮，則滷湯必須在煮沸後倒入搪瓷蓋罐或瓷的蓋罐中保存，否則易變味。

筆者的外祖母是我鄉烹飪名家，當筆者繼母結婚時，即有「一鍋滷煮肉湯」的特別「嫁妝」，所以筆者曾吃過二三十年老湯滷的東西，這也許就是我目前吃不慣街頭滷味的原因。滷湯能保存這麼多年，有一件必須注意的，就是不能滷豆干，素雞等豆製物品，如必須滷此類東西，是把滷湯單分出一部份另行滷煮，煮過所剩之湯就不要了。往往爲了不用留湯，滷這鍋東西時可以少加水，最後煮到湯極少，所滷出的東西，味也就特別濃。

酥鍋子

「酥鍋子」，是地地道道的山東土詞兒。這「鍋子」和涮鍋子的意思絕不相同，它是酥魚、酥海帶、酥藕、酥白菜等一鍋所有「酥菜」的總稱。

在此地，只要吃過山西餐廳，致美樓等北方館子的，大概總都嘗過酥魚。這酥魚在外形上和江浙館中的蔥烤鯽魚極相似，吃起來味兒略有不同。蔥烤鯽魚魚骨也有酥的意思，但絕對不似酥魚吃起來可以絕對無渣。

在山東，冬季做酥魚時一定同鍋附帶著也「酥藕」、「酥海帶」，好像這是規矩，不如此就構不成「酥鍋子」似的。

酥魚的魚一定要鯽魚，魚不求大，但要新鮮。魚殺好洗淨後，不用鹽醃，先在腹內（因接近刺也）、頭部、鰭尾連處抹上些頂好的醋，不用先過油煎炸，就全生的放入鍋中。鍋必須是砂鍋，銅鋁鐵鍋都不能用，因爲以醋先煮，會起變化。最好在鍋底部先擺一層豬肋骨，如無豬骨，擺個竹箴或幾根竹筷也可。上面擺一層生薑厚片，在薑上就可以擺魚，魚要擺得平妥整齊，最好是環鍋而擺，中間留一圓孔隙。如此一層魚，一層蔥（蔥去長葉，只留蔥白地方的一大段），一層海帶捲，一層魚，一層蔥，一層厚切的藕片，一直擺到鍋的八分滿處。如果這一鍋是三斤魚，兩斤藕，一斤海帶，則用一瓶醬油，一小瓶白醋，半斤或六兩蔴油，半杯砂糖一併倒入鍋內，再加水使滿（千萬不可放酒，因酒為鹼性，會和醋中和），蓋緊鍋蓋，先以大火煮沸，即改用最小火，使鍋內只中心處滾沸，如此燜煮五六小時，離火後，涼透，再開鍋一層層取出，放置盆中，供隨時取食，在燜煮時間內，可開鍋看看湯是否燒乾，如見湯太少，可加滾水（不可加冷水），但絕不可翻動。酥好後也只在涼透時，所酥之物才能外形完整，若趁熱翻取，就會爛成一鍋爛糊的。

酥鍋子所出的「酥菜」，下酒最宜，配粥亦佳。剛出鍋的熱饅首夾一撮酥透的蔥，其味更美不可言。如喜鹹，可加多鹽，喜甜多加糖。

過去酥鍋子在我鄉只是冬季的佳肴，如今有電冰箱，只要逢到鯽魚便宜時，即使盛夏，亦未嘗不可隨時酥之。小孩多的家庭，更宜採用此方法，因絕不怕魚骨哽喉也。

酥肉和酥雞

談起「酥鍋子」，跟著連想起名雞「酥」，而並不眞酥的酥肉和酥雞。

酥肉的做法，媛珊食譜上曾經寫過，好像這是屬於「川菜」範疇之內，因爲筆者只在一家「重慶人」的家中吃過，再就是看見一位成都大司務做過。

據筆者的品嘗，酥肉只能算是一道頂普通的家常菜，以之登「華筵」則不足，以之應「便酌」似有餘。

它的做法是：以精多於肥的後腿肉，切成厚片，把這些肉片和以雞蛋麵糊，入油鍋炸成一個大圓餅，然後把這圓餅切成條或塊，是爲「酥肉」。將酥肉放在大海碗中，上加紫芋，胡蘿蔔，菜心，或筍等切條，加高湯，蒸透後再倒扣在精美的湯碗中，是「清湯酥肉」。把酥肉加木耳、金針、筍片、荷蘭豆莢混炒，加太白粉勾糊，是「燴酥肉」。把酥肉和油菜，或黃芽菜，甚或高麗菜等加醬油糖等燒透，是「紅燒酥肉」。其他不以酥肉爲主，它則可以像炸好的丸子一樣，配入各種菜肴中，如「大燴海參」可以配，「家常蛋湯」中也可以加幾片。總之，炸上這麼一片酥肉，是可以隨時取用的。

這種酥肉是筆者近年才見到吃到的，在筆者的老家，卻有「酥雞」，和酥肉極相似。不過，那是屬於「年菜」，只在過年時才吃，平常時候，家中不輕易烹做。

筆者家中過年時，一定炸很多東西，如炸葷、素丸子，炸麵筋泡，炸豆腐，炸山藥塊，炸魚塊，炸排骨塊，同時，也就炸「酥雞」了。這是把雞都剁成骨牌小塊，沾裹了雞蛋麵糊，入鍋炸黃。其實這種炸好的雞塊，沾花椒鹽或辣醬油，就已經可吃而且很好吃，可是家中並不許如此，一定再行加工，才肯上桌。以酥雞燴粉皮，不湯不菜的燴一大碗，是除夕年夜飯時絕不可少的，也是筆者幼年時絕對不喜歡吃的一味菜。但是家中的大人們，每每邊吃邊讚。現在想來，也許那眞的是別具風味。其後，火鍋中擺酥雞，有客時添菜添酥雞，好像只炸兩隻雞做酥雞，就可以派上不知多少用場，比紅燒清炖等一餐一隻的吃法，是經濟多多。如今，筆者「見多識廣」了，恍然悟出以上道理，同時更懂得就用這「酥雞」胚子，加起士、咖哩粉、馬鈴薯、紅蘿蔔、洋蔥等可以做成「葡國雞」，加香菇、筍片、高湯，放在特製的瓷皿，汽鍋中蒸透，也就是「汽鍋雞球」。加上魚肚、魷魚等燴一大碗，也可稱作「燴雞三樣」，同時，觸類旁通，覺得酥肉和酥雞完全可以通用，如果把小排骨炸好，一樣可以用烤箱烤出頂美味葡國雞樣的「咖哩排骨」，式「西」而味「中」，一定可以叫座。

總之，灶下學問，均在主中饋者的慧思，隨它千變萬化，絕對不可一面看看錶，計算某者煮幾分鐘，一面用量器，「加一又二分之一茶匙」鹽或糖的去做的。

天下第一菜和砂鍋

記不淸楚曾經在哪兒看過這麼一篇文章。裡面大意說：天下第一菜，又名大馬站菜，是某公（當然是巨卿顯宦者流）在天寒地凍的大冷天兒裡，旅經大馬站這個地方，看見一群轎夫侍役等人，圍著個大砂鍋，鍋中有湯有菜，異香撲鼻，那群人吃得帶勁，某公也聞得饞涎欲滴，後來經過仔細查問，原來那是一鍋魚骨煮豆腐，外加茼蒿菜，烹製的方法是把魚骨在油鍋裡爆煎焦黃，即加豆豉，辣椒，大蒜爆透，傾倒砂鍋中，加水及鹽，放入豆腐，滾到極透，放茼蒿菜，即離火上桌，或就火而食。某公如法炮製，果然辛香可口，乃讚之爲天下第一菜。

研究起來，做這個菜並不需要什麼巧藝，它的重點就在起先的那一「爆」，和後來的換砂鍋，因爲砂鍋不易散熱，離火後鍋中物還會滾煮很久，若蒜、若辣椒既經油爆，當然越熱越香，豆腐滾得透，茼蒿燙到熟而不爛，所以好吃。

筆者好奇，（不如說饞嘴）曾做過試驗，因爲不知該用什麼魚骨，而且，市上也沒有賣魚骨者，乃用魚頭代替，把魚頭剁成小塊，在油中炸到幾乎酥脆，大概和魚骨沒什麼出入，此外一切照樣，味兒果然不差。同時，還試出了爆魚骨及蒜頭等時，如用豬油，比素油更佳。在冬寒時候，有這麼一鍋下飯，眞是一吃便暖，滋味無窮。

北方人冬天講究是吃火鍋，在臺灣這地方，雖然室內溫度有時也在十度以下，但外面無風無雪，餐桌上擺著冒火苗的鍋子，終覺不太相稱，家常便飯，還是砂鍋倒實惠。砂鍋獅子頭，砂鍋大魚頭等，當然屬於考究的一類，可是不耐常吃，因爲太膩。倒是砂鍋大雜燴（這是筆者杜撰的名稱）可以每餐都引人下箸。像前面的「天下第一菜」，如把魚骨換成排骨，除了豆腐，再加大白菜、粉絲。想增加營養，來點豬肝豬腰，或煮入鶉蛋。爲求鮮美，加上魷魚、魚丸。剩的香腸臘肉，也可放在裡面同煮，要加海參、蝦仁也不會有人反對。此外，丸子、肉片、腸肚，也百無禁忌。一家三五口，煮這麼一大鍋，另外只要有一盤榨菜肉絲，或豆豉炒肉丁等鹹而下飯的，以及一盤泡菜，或生拌蘿蔔絲，生拌黃瓜等清涼爽口的，就會是很舒服的一餐了。

就以這種雜燴的砂鍋菜湯，（筆者當年吃的是火鍋湯）泡山東的強麵饅首，外配以五香大頭菜，才眞是筆者自己獨封的「天下第一美味」哩。

活魚三吃

到餐廳裡，有時會看到牆上貼著大紅紙帖，寫著「活魚三吃」，有的人當然知道是一條魚做三樣吃，也許有的人就想不透一條魚怎樣能夠分做三種做法呢。

實在的，活魚當然是淡水魚，它絕不會像鯊魚、旗魚那麼大的體積，一條分做三吃，只能供三四人小酌，人多的席面，是不夠的，假若不是以一條分三，而用三條魚來做，則豈止「三吃」，十吃八吃也未嘗不可，因爲魚的做法，又何止幾十種。

活魚三吃也者，大半是以一條大的活鯉魚，也可用青魚，斬下頭尾，做成紅燒，再以中段身軀一半，整塊的做成「醋椒魚湯」，其餘一半，切成大骨牌塊做成「糖溜瓦塊」。不過，紅燒頭尾和醋椒魚湯都是要講究火候的，在餐館中以有限時間，爆火煮出來的，實在不夠味。

紅燒頭尾是把它先以油煎透，然後加蔥、薑、蒜、醬油、酒、糖、鹽等燒透，這是一般燒魚的燒法，喜歡香料的人，可以加花椒，不喜蒜的人也可免去，各就所好，以燒透湯汁濃盡爲止，自然味濃可口。

醋椒魚湯在天津又稱「潘魚」，好像是因某個潘公館以此而出名，是把魚身略煎，即放大湯滾煮，煮至湯呈乳白色，再加鹽、醋、胡椒粉，上桌之前，加大量的細切的芫荽、青蒜葉等。味鮮而酸辣，另有風味，以魚肉沾薑醋，則頗似螃蟹。

「糖溜瓦塊」也就是「糖醋魚」的做法，魚塊在油煎之前，最好先沾些麵粉或太白粉，煎炸好才會外面脆酥。將煎炸好了的魚塊，趁熱上面澆上糖、醋牽粉調煮好的濃汁，即成。調煮糖醋的濃汁，可看人的口味，在鍋中加一匙油，燒熱，或以切碎的蔥薑米等先炒一下（或不加這些），再放糖、醋，少許鹽，或少許醬油，煮至糖溶，加太白粉糊，滾成濃稠即可。做出來的魚塊是外有脆皮，甜中略帶酸鹹，甘芳可口。

活魚三吃亦可另做如下安排，斬下魚頭，煎好，放砂鍋中，加筍片、火腿片、香菇、粉皮、冰豆腐等煮成「砂鍋魚頭」。斬下魚尾做成「紅燒划水」，紅燒划水喜嫩，不要煎得太過火，煎好後加醬油、鹽，放少許水略煮，即下芡粉將汁勾濃，即成。魚的中段則做糖醋可，加網油豆豉清蒸也可，切片炒或沾上蛋汁及麵包粉，炸成魚排也無不可，只要不和「頭」「尾」的做法類同，就收了三吃之效。

一條魚若不夠大，普通的討巧方法是把牠由中間劈為兩半，一半紅燒，一半清蒸，放在盤中，看樣是全魚，只是永遠不能翻身而已。

所欲者魚

孟子曰：「魚我所欲也，熊掌亦我所欲也，二者不可得兼，捨魚而取熊掌者也。」因爲生平尚未吃過熊掌，故只對於魚傾心而欲。既是所欲者魚，所以對魚的品嘗，也就可說是略有心得。

魚做得適口，味濃而鮮是一種，鮮而嫩又是一種。一個眞正懂得吃魚的人，往往對北方的糖醋魚，以及四川的豆瓣魚並不欣賞，原因是前者以麵粉裹炸，混淆了魚味，後者太辣，失去了魚鮮。

清蒸魚是最保存魚本色本味的一種做法。一般多用青魚，爲的是青魚的大小恰好夠一個大魚盤所擺，石斑魚也能恰到好處，鯧魚蒸來也不錯。不過前兩種火候略大還不要緊，而鯧魚則絕不能蒸久，鯧魚蒸老了，味腥而肉柴，吃來便一無是處。有一次吃此間最有名的「彭廚」的筵席，席間一道蒸魚，竟用的是鯽魚。一個精美的大橢圓盤中，斜斜的一順擺著三條六七兩重的鯽魚，魚身上各有香菇一朵，火腿二片，在視覺上給人以極美之感，沾薑醋吃來，比螃蟹更鮮，除了魚本身的多刺是美中不足，其他方面比別種蒸魚更顯得高貴而可吃可看。

西湖醋魚也是很保存魚本味的，按照規矩（西湖畔規矩），當然是青魚爲佳，若無青魚時，鯉魚亦可代庖。講究的魚應該是以滾水燙熟，可是這燙一則要技巧，二則也要有工具，否則魚下了水再撈，就會弄得肢體破碎了。最好是以有特製的竹片所編的篾子，兩旁有手，把魚對剖平放在篾上，沉入滾開的水鍋中，鍋即離火，燙三五分鐘，同時另鍋以筍絲、香菇絲、鮮薑絲等先行略炒，加水煮滾，加醬油、醋、糖調成酸略有甜鹹，再加太白粉，勾成濃汁，魚離水覆置盤中時，立刻澆滾熱之汁上桌，其味最佳。魚若不用燙，先行蒸之，亦無不可，不過，絕對要蒸成恰好，不可過老，老了則失去應有風味。

松鼠黃魚是北國方法，烹製費事，樣子很好看，但味則是糖醋魚，不見得特別高明。試想，把黃魚去頭，由背剖開，去主骨，再反結而縫合成筒，把這筒魚身肉劃成棋子塊，沾蛋糊再炸脆，然後加糖醋汁，其間是多麼麻煩，家常宴客，筆者認爲不必如此，倒是能注意點魚的配料，可增加不小情調。譬如糖醋鯉魚可以炸一窩粉絲配在盤底，美其名曰「金絲鯉」，紅燒全魚，如盛在大圓盤中，可以略爲擺得偏一點，另一半空處，放上煮好的麵條，麵條上加點蕃茄醬、芫荽花等。魚吃完，把盤中魚湯拌麵而食，其味亦美。這是由河南的「魚焙麵」變化而來。

關於魚，還有很多可談的，好在還有下次。

八寶飯

眞是光陰似箭，又是新年才過，舊年將臨時候。在這一、半個月之間，很多家庭免不了要請人吃「年夜飯」或「春酒」什麼的了，一般的說，家常酒筵，在菜色上，口味上，差不多都比食堂餐館來得適口，稍微有點令人覺得不盡美者，就是很多人不注意「尾食甜品」，筆者是個嗜糖如命之人，在飽啖葷腥油膩之後，總覺得有一道可口的甜食，吃後才眞正飽脹滿足。

在甜品裡面，若豆沙酥盒、棗泥鍋餅、千層糕之類，做起來費事，都不見得特別好吃，若水晶、豆沙等甜包子，又覺不夠細緻。家庭宴客時，筆者認爲八寶飯是適合每一個人的，而且可以表現主廚之人的慧思與藝術頭腦。

做八寶飯的步驟是先洗好豆沙，再煮鍋糯米飯，這是基本材料。然後就是用蓮子、桂圓肉、紅棗等擺成花樣子。

有人覺得洗豆沙很麻煩，其實，若工具隨手，並不費事，先煮豆，不必放太多水，加些許鹼，普通火候有四十分鐘已經煮得很爛了。把煮好的豆，盛入筲箕，用杓子碾爛，筲箕下面放個大盆或大鍋，就在水龍頭下，放開了水把筲箕裡的豆沙沖下去，筲箕內全部只剩了豆皮，即行棄去，稍等三五分鐘，水中豆沙已沉在盆底，再把水倒棄，把豆沙裝在布口袋內（最好是普通白布，紗布不行因太稀疏），擠乾水份，以大量豬油加足夠的糖炒之。大概是一斤豆煮成的沙，用六兩豬油。炒到水份全部乾即放在一旁備用。

煮糯米飯和煮普通一樣，飯不可過硬或過軟。如用得不多，在豆漿店買二元作糍飯的熟糯米，也就夠做一碗八寶飯之用的了。煮好了糯米，趁熱拌上豬油和糖，備用。另碗，先把碗內抹上一層冷凝了的豬油，使之易黏，就利用各色乾果，排成花樣。可以用紅棗擺禧福等字，也可擺成各種花形，放一層糯米飯在這花上，放時要一匙一匙放匀，不可用力撥弄，以免把碗底花樣移動。加豆沙在這飯中間，再覆一層糯米，即大功告成。吃之前，蒸透，扣在大盆中。如果不怕麻煩，還可以煮碗糖水，加些太白粉成糊，澆在飯上。

還有另一種簡易做法，就是煮好糯米，加豬油與糖，同時加入糖蓮子、糖紅豆、桂圓肉，以及切好的紅棗丁、金桔、青梅等蜜餞果品之丁拌匀，放在碗內，吃時蒸透，上澆糖汁，樣子不美，吃起來也還不錯。

年年菜

我鄉的土話，只有過年時候才吃的菜式，統名之曰「年年菜」。今天談這個，該是很合「時令」。

好像長江以北，黃河流域地區的人們，過年時並不太注意臘雞臘肉等煙臘東西，醃缸「家鄉肉」，已經算很那個了，爲過年專做的菜，大半偏於炒或蒸。現在就記憶所及——其實是自己眞正忘不了的——提出來說說，雖不吃，也解饞。

十香菜，又名八寶菜，這是純素無葷的，平常時候，極少烹製，而過年卻不可少。舉凡紅蘿蔔、白蘿蔔、冬筍、香菇、木耳、黃豆芽、金針、豆干等湊上十或八樣就可炒成，有時菠菜莖，芹菜莖也可加入。它的巧妙處，是在於把所有原料，都要切成極細，然後看它的水份和熟的程度，分別炒之，都炒到乾而熟，然後再混合略炒即成。炒的時候用素油，冷後吃時，再拌蔴油。在飽啖了魚肉葷腥之後吃來，眞是鮮香爽口。可是，如果爲了省事而一鍋混炒，炒成了有的半生（如紅蘿蔔）有的已爛，湯水漓淋，就完全不是那麼回事了。而且如豆乾，若不用油邊炒透熟，則極易餿壞，雖勉強當時可吃，但不能貯存，哪兒還能成爲年年菜呢。

灌腸，也是年菜之一，其名相同，其實有兩種，一種是以切碎的肉，和好調味加上豆粉和稍許水成濃糊灌入豬腸中，煮好再煙薰，吃時切片，形較香腸大，味則迥異。一種是把全副豬腸，翻洗極淨，選一條或兩條小腸作外衣，以腸套腸的方法，灌在一起。如果大腸粗細太不規則，亦可用刀切劃成條再灌，灌好之腸，用五香花椒醃之，醃十天八天後蒸熟或煮熟均可，不過極費火候，若不煮熟透，則太難嚼咬。熟後如再煙薰，其味更佳。吃時切片，片面花紋很美，是下酒擺冷盤的好材料。

雞鴨魚肉等，過年時的烹製，也不外乎清燉、紅燒、油淋、香酥、糖醋等等，平常並非不吃，沒有什麼值得特別說說的，只有雞瓜，該是專屬年菜。雞瓜這名字我曾見於紅樓夢上，就是王熙鳳挾給劉姥姥的那口茄子，那是先以多少雞湯煨煮，「最後用蔴油一收，吃的時候拿炒好的雞瓜子一拌」。它的做法是用雞脯肉切絲，以豬油煸過，再加蔥絲，醬瓜絲以素油炒透。雞肉是白的，瓜色是青黑的，色調和味同樣的清爽，也是宜冷吃的。

此外如以粉絲涼拌生菜絲，名曰「生財有道」。以芝蔴醬、白糖、拌黃芽、白菜嫩心，名曰「金汁玉脆」，也都是葷腥以外的清爽小菜，大概總因爲過年主要的是吃「油大」，才定這些名美味清的東西作配。

若酥雞，若酥鍋子，若餃子，這些也都屬於「年」的，前些時早因等不及而談過了，現在只好從略。

大吉大利

新正見面，恭禧發財，新年吃飯，大吉大利，所以黃燜栗子雞，是我家鄉過年時餐桌上必不可缺的一樣大菜。

大陸北國，栗子不是什麼名貴的東西，但其味甘香，以生板栗剝去內皮，和斤多重的嫩雞同時下鍋，加鹽及酒，放極少醬油，以文火緊蓋的方法，把雞燜熟，火候鹹甜恰到好處，眞是個極好吃的菜。在此地，生板栗都風乾過久，不是壞而有陳霉之味，就是久煮不酥，用以燒菜，把握不大。用罐頭甘栗，則嫌貴了點，且罐頭栗不可和雞同時煮，因恐栗已糜爛，而雞猶未熟，故所燜出之雞，雞肉的栗香不夠。目前我們也要「大吉大利」，只有在觀感上更求美好，才能以「色」把「香」和「味」來扯平。

說起栗子雞，想起北派鴛蝴名小說家劉雲若的「冰弦彈月」這部小說裡，描寫一個極擅烹調的女孩，替她所傾心的一位男士做一桌酒席，其中就有栗子雞，這道菜上桌時有如下描寫：「細白瓷荷葉邊的大盤當中，擺著一隻香噴噴、黃澄澄、嫩酥酥的肥雞，才一下箸，雞肚應手而裂，爆出了一堆香甜的熱栗子，在栗子中間，有個小油紙包兒，打開一看，是一顆雞心和一塊煤渣……」這一段當然是說那女子的慧思，用煤和心來罵那位男士「沒心」而表明了她自己有意，關於這不在我們談吃之內，我們該注意的是栗子在雞肚裡面，而雞是如此的完整。筆者曾做試驗，整隻雞入鍋，加罐頭栗子裡的甜湯及其他調味，先以文火煮九成熟時，把栗子裝入雞腹，再煮至湯汁濃盡，然後上桌，盛放略加小心，雞下面可以襯擺點煮過的菠菜，盤邊擺一圈蕃茄片，倒眞的做成了翡翠珊瑚映黃金的「大吉大利」。

和這個菜同等身份的還有一個豆腐燒魚，名曰「富貴有餘」，也是新年餐桌上的必備品。這裡願借今日之「談」，祝福各位大吉大利，富貴有餘。

打掃殘肴剩菜

前些天在電視上看到傅培梅女士示範製作「十錦菜捲」，她說：「這是處理過年的各種剩下來的菜的好方法。」靈機乃爲一動，當即想到「打掃殘肴剩菜」，該是個可談的好題目。

打掃兩字是北平土話，就是處理的意思，和「打掃塵土」、「清潔掃除」的「打掃」絕不相同，關於這，首先聲明。

打掃殘肴剩菜，最簡單而又方便的，當然是把所有的東西一鍋雜燴，煮成平劇鴻鸞禧裡金玉奴家中的那種「雜和菜兒」，不過，「雜和菜」其味雖不致太差，但觀瞻實在不怎麼樣，一看，就會使人有吃「剩菜」的感覺，因而食慾爲之減低。這是筆者自己絕對不想採取的一種。

剩菜種類若以殘羹（帶湯的）爲多，如雞湯啦，燴海參啦等等，最好是做打滷麵。正宗的打滷是以整塊豬肉先煮成「白湯」，然後再將肉切片，加金針、木耳、香菇、筍片等勾牽成滷。如有剩下的好湯頭，正好免了煮肉。各種湯汁先和在一鍋煮滾，所有剩的葷葷素素，一律切片，然後斟酌著加點香菇、木耳等物，調好鹹淡，勾妥牽粉，最後打上蛋花，則一碗漂漂亮亮的「打滷」成功，以之澆麵，絕不會有「拾唾餘」的噁心。

假如剩的多半是大肥肉，如紅燒蹄膀啦，扣肉啦，粉蒸肉啦，甚至於肥臘肉啦，則最好是切片後，沾著雞蛋麵糊，入油炸香酥，做成「高麗肉」或「鍋燒肘子」（以前談過的）再就是配梅乾菜做成餡兒，以之蒸包子或做腐皮春捲。製作的過程該是：把梅乾菜洗淨切碎，把肥肉等切碎，加好醬油鹽糖酒等調味，以普通火候一鍋煮成透爛而少湯汁，等涼透後視其是否夠碎而再加斬剁或不剁。如以之包發麵包子，味宜稍甜，以之包油豆皮味宜略鹽，因前者是主食或點心，而後者是一道下飯之菜，用油豆皮裹餡後，還要經過一道油炸手續，炸好的腐皮春捲立即切段上桌固可，若再加少許高湯烹煮，則會更爲入味。

如果所剩是肝腸肚肺，雞鴨魚蝦，五花八門無所不有，則學「炒鴿鬆」的辦法，也很新鮮。方法當然是把這些東西一律斬剁細碎，略加新鮮的碎肉，加一個蛋白（不要蛋黃）攪拌後，調好鹹淡，入油鍋炒鬆。事先炸好一些粉絲鋪在盤底，把這什錦鬆澆上，和洗好成片的生菜葉同時上桌，用生菜包著這「什錦」來吃，味道該不會錯。

總之，殘肴剩菜，只要沒有餿壞變味，就都該吃而不棄，因爲一粟一飯全都來之不易。而打掃殘肴剩菜能花點心思，加點功夫，以「整舊成新」的手法，使吃時沒有吃剩東西的感覺，則更是「無量功德」！

春餅及其他

元宵過後，清明之前，這段時間正是吃春餅的時候。春餅又名薄餅，餅的本身只要軟而薄，主要的在於用餅捲著吃的菜。

春餅的做法是以滾開的沸水沖燙麵粉和成麵糰，燙好的麵揉透，做成小圓劑子，每兩個劑子中間沾滿蔴油，合在一起擀成薄薄的一張餅，餅放入鍋中以中等火候焙烙（即蓋鍋不加油），最好蓋上蓋子，大概半分鐘反一個面，一分鐘後餅上略有火花即熟，趁熱可把餅一揭為二，然後平放在一條乾淨毛巾上，再以之摺蓋使不散熱，吃時自然柔軟可口。

用以捲餅的菜，可預先備置的，如薰雞、醬肉、香腸等都要先切成絲。臨時熱炒和韮黃炒肉絲，包心菜，胡蘿蔔炒粉絲，干絲牛肉絲，雞絲炒筍，菠菜梗炒金針木耳油豆腐絲等，配成六樣八樣均可。北平人大概為了省事，多是把肉絲，韮黃，木耳，豆干，粉絲等一鍋混炒，稱之曰炒「和菜」，其實一味「和菜」，絕不如分炒數樣是既中看，又中吃也。

炒蛋成片再切成條，也是吃春餅不可少的一樣。至於大蔥甜麵醬，固然是必備，但不愛吃的也大有人在。

春餅宜配綠豆稀飯或紅豆小米粥，但若有一碗酸辣湯，或其他湯類，亦無不可。

春餅是屬於麵食類細緻吃法的一種，一般人家常多吃家常餅，通稱曰烙餅。烙餅是以微溫的水和成較軟的麵，先把大塊的麵擀成一個大大的厚麵片，撒上細鹽，沾勻蔴油（或熟花生油），捲裹大捲，再把這捲分成小劑，每劑擀成一個七寸盤大的餅，然後烙之。講究的烙餅用鏊（平底鍋），其實一般炒菜鍋也可勉強使用，但最好是鐵的，鋁鍋則嫌過薄，難於控制火候。烙餅時鍋中要先放些油，以鏟鏟勻沾滿鍋底。餅入鍋，最好蓋蓋，以文火，約一分半鐘，反一面，過一兩分鐘，再反過來，即所謂烙餅要「三翻、六轉、十二拍」。轉是使餅在鍋中的地位變換，拍是烙好後拍拍，餅才酥鬆起層。

比家常餅略加佐料的是蔥油餅。現在滿街賣牛肉麵小店都有，並不是稀罕吃食了。可是外面所賣，眞正做得好的並不多，尤其是很多人自作聰明，把餅裡加了味精，吃起來「鮮」得使人作嘔，實在已失去了餅本身的香酥。

做蔥油餅以煉過豬油的油渣剁碎和蔥捲在麵劑內烙之，最是香酥。以生脂油切小丁和蔥，則是正宗的做法，餅內捲的最好是一半蔴油，一半豬油，鍋中純用素油，餅才不致於膩口不耐多吃。

爲省時省事，和一碗濃濃麵糊，在鍋中攤之成餅，也是餅之一種。這之外，如窩絲餅、餡餅、合子餅等是餅中的高級吃法。

餡兒餅和一窩絲

上文談吃春餅的時候，曾提及餡兒餅和一窩絲，現在，接著話碴兒往下說。

餡餅和生煎包子、鍋貼，實在是一類的東西，只不過它的形狀是圓扁如餅而已。但，如仔細的分析，它和生煎包子的不同處，爲包子是發麵的，它是水和的軟麵，和鍋貼的不同處，爲鍋貼只一面被煎烙，而它兩面被煎烙，兩面都有火色。同時，它的餡子都屬純肉，除了蔥薑少許調味，不加其他蔬菜配料。

做餡餅的步驟是和好水量比例較多的一團軟麵，放在一旁，使其麵粉的分子間融混無間，俗話叫做「省」，省麵的時候可以剁餡拌餡，無論是牛肉或豬肉，餡裡都要打點水，因它不加蔬菜，如無水份，烙出之餅，其餡必硬也。包餡餅和包包子用同一方式，把包好的這軟麵包子用手按扁，立刻入平鍋中烙之。鍋中要先有大量的油，餅入鍋後，洒點水，蓋蓋，水蒸氣促使餅易熟。翻面後，再洒水蓋鍋，大約共用五六分鐘即成。北方人對餡餅大都很有好感，三五個剛出鍋的熱餡餅，一碗綠豆稀飯，一小盤醬蘿蔔之類，吃得比不三不四的酒席更舒服。

餡餅的餡換成素的，如韮菜、菠菜、粉絲等，把餅也做得較大，烙時鍋中油量減少，就叫「合子」。合子比餡餅更有不膩人的長處，是北方人家常更常吃的東西。

一窩絲就是窩絲餅，山西館子裡製作的較好，家常做，實在夠麻煩，因為先要把麵擀成片，切麵條，這麵條上都沾勻了油，再盤成餅，然後半烙半煎。麵若硬了，烙出之餅有失柔軟，麵若軟了，擀時切時都太困難，如用撐麵的方法，又嫌麵的韌度太大，想做好的一窩絲，並非易事，所以肯於做的人也就不多了。

筆者好吃，又好「創作」，一日忽發奇想，買了一斤店中賣的機器切的細麵（較軟的一種）歸後用熟花生油沾勻，分而盤成了十二個盤，把它放入蒸籠，又洒勻了相當的水（約一飯碗），以猛火蒸了十五分鐘，取出後俟稍涼（並非涼透），即入油鍋中煎烙，使兩面均黃，用以享客，客均讚曰：「這餅烙得眞好，是怎麼做的？」我笑而不答，心中著實為這一實驗成功而喜。其實，吃之一道，只要略用心思，便可融會貫通，各種烹調製作，完全可如日文之四段活用，麵條可以烙成窩絲餅，烙得又薄又軟的張而略大的春餅，以之切細絲，用大量油炒之，又何嘗不比炒麵中看中吃呢？

燕窩種種

看到了我的「談吃」的朋友，笑話我說：「你眞是地道的北方土包子，所談的除了餃子就是餅，一點兒名貴東西也沒有，大概你所知止此吧？」

當然我孤陋寡聞，見識不廣是事實，但也還因爲我談吃是和一般的家庭主婦朋友們談的，普通人家，誰會成天吃山珍海味呢？如今旣是有人見笑了，那只有改弦更張，從名貴的菜談起啦。

記得北平的餐館中所列的酒席的順序，是以「燕菜席」爲首，其次是「魚翅席」，再次是「海參席」，燕菜席的主菜就是燕窩，所以現在我也以燕窩打頭。

燕窩並不難於烹調，而難於發泡。如魚翅海參等，現在大的菜場中都有發泡好了的出售，但燕窩卻非要自己發泡不可。買燕窩以「上等官燕」最好，次點的不夠白亮。買來的乾燕窩，先用微溫的水浸泡四五小時，然後在每個燕窩上抹勻花生油，再用微溫的水漂洗，如此，燕窩上的羽毛比較容易隨油而被洗去，如萬一還洗不淨，則只有以小鑷子鑷取了。說到這兒，忽然想起，從前富貴人家婆婆折磨兒媳婦，要她們撿燕窩是方法之一。那是限定用冷水發泡，當大冷的天氣，手拿著涼水淋淋燕窩，一撿就得撿大半天，少奶奶的纖纖玉蔥，往往凍得變成了紅蘿蔔條兒。其實，溫水並無不可，而且，如爲了求快，先入水煮沸，俟稍涼，再抹油漂洗，亦未曾不可。

發泡好了撿乾淨了的燕窩，放在清水中是透明如水的，所以燕菜席也以「清湯官燕」爲最名貴。漂亮的大海碗中，清湯如水，看起來像無物，吃起來鮮美無倫。不過，鮮也並非燕窩本身，而是那碗清純雞湯。這種清雞湯不是普通雞湯，而是用一鍋沸滾了的水，把整隻雞放入，立刻改用文火，燉四五小時，取出熟雞，再把另外的生雞脯肉搗成茸，放入湯中一滾，然後過濾，則湯清純無油。

「燕窩奶羹」是現在會賓樓等筵席上常見的菜。燕窩發泡後本來成爲一條條的銀絲，爲了省材料，做羹常是把它切爲小丁。用普通上湯（如豬骨雞骨等燉的湯），湯本身有些濃白，放入燕窩煮滾後，再勾上粉糊，便成奶色，其實無奶。盛碗後，上面再撒點火腿屑，紅白相映，看著很夠意思。

燕窩粥，冰糖燕窩是補品，很少見諸席面。把蛋白打透混燕窩以豬油炒之，名芙蓉燕窩，這種乾吃法很費材料，味也不如湯吃。

總之，燕窩既屬名貴，所以不和其他配料雜燴爲上，如用大白菜來熬燕窩，則眞是糟蹋好東西了。

且說魚翅

在菜饌中，魚翅的名貴，僅次於燕窩，其實，這也是一朵要綠葉扶持的牡丹，假若只用鹽水煮魚翅，大概和煮粉絲也差不多少。同時，魚翅的發泡，較燕窩更費時費事。

魚翅的本身有鮑翅和散翅之分，鮑翅大概是魚的脊背上的大鰭，肉厚針長，烹調得宜，極爲可口。它的發泡方法是先入滾水中泡幾十分鐘後，沖洗乾淨翅表面上的泥沙，然後加清水煮三四小時，煮後換清水再泡半天，即可剔去老骨，仔細再多沖洗，發泡的手續算初步完成。以大塊的生薑連皮拍裂，加大蔥數十根，和翅入鍋煨煮三兩小時，以翅熟軟爲度，撈出後就可以或炒或燴做最後的烹調了。散翅的發泡手續一如上述，只不過用的時間略短，因散翅翅針細短，易煮易軟。不過，目前大菜場中都有賣發好的魚翅的，買回之後，只要加蔥薑煨煮一遍，即可應用，如不是十桌八桌的大擺酒席，家宴常客，當然以買現成的更經濟。

魚翅的吃法，如「全雞鮑翅」啦，「三絲燴翅」啦，都不外以好配料好湯把魚翅燴煮而成。前者是把整隻雞煮熟，剔去大骨，放置在砂鍋中備用，就用原雞湯，再加火腿，豬肉皮，雞腳爪等以慢火煨三四小時，成一鍋濃湯，撈去湯內雜渣，把發煨好了的魚翅，鋪在去骨的全雞上面，澆上濃湯，加鹽調好鹹淡，蓋緊鍋蓋，以文火煨煮一小時，吃時原鍋上桌，如能小心的移入大瓷鍋鼎之內，美食美器，更增加它的名貴感。

「三絲燴翅」是用雞絲、火腿絲、筍絲等先以豬油炒炒，放湯，加入魚翅，煨煮十幾分鐘，湯汁不多時，調好味，勾上太白粉即可上桌。一般飯館中上這道菜時，往往伴以油炸饅首片，其實，並不必要。

「蟹黃生翅」也是屬於燴的，不過是把三絲或雞換成了蟹肉和蟹黃而已。步驟也是先以油鍋（最好用雞油，豬油也可），爆一點生薑末，即放高湯，（當然是雞湯或火腿湯）把魚翅和蟹肉入鍋燴煮，最好略加紹興酒少許，調好鹹淡，勾妥牽粉，再把事先打成細碎小塊的蟹黃加入混炒一下，即可起鍋。

假如用肉絲炒魚翅，當然沒有什麼不可，但那樣做是使名貴降級。大概只有「桂花炒翅」，還仍然算大菜，方法是以豬油先炒點筍絲，或者是銀芽，然後把炒好的配料，和煨熟了的魚翅一同加雞蛋打和（雞蛋要先把蛋白瀝去，只留蛋黃），同時加入鹽、酒、少許胡椒粉、少許高湯。以大火，多油炒之，翻炒至蛋黃將凝，即可離火，其實這也就等於「溜黃菜」加魚翅，在樣子上，仍有些像「燴」，而絕不是乾炒。本省的魚翅羹也是魚翅吃法的一種，不過難登華筵耳。

小老鼠——海參

幼時跟著大人們吃酒赴宴，看到海參上桌，就呼喊說：「我要吃那小老鼠！」當時，好像大人對兒童之稱爲海參爲小老鼠並不否認，而且，好像始作俑者根本是大人，是大人教小孩說：「乖，快吃這小老鼠呀，好好吃啊！」稍長，始識海參之名。後來，看到鏡花緣裡孝女廉錦楓入海尋參，以奉病母的故事，對海參有了更進一步的了解，原來它是補的。當時爲了也表示自己的孝心，曾對自己說：「等將來賺了錢，一定天天買海參給父母吃。」而事實，多少年來並未能踐前言，同時，自己也眞的了解到這海中的棘皮動物，只是膠體，略有使老年人鈣質過多的脆硬骨骼膠韌外，並無其他醫病延年的功用。而且，其味並不鮮美無倫，在菜饌中的貴重，也還賴配料和高湯，若是白水煮海參，一定不若白煮肉好吃的。

烹調海參，首先也該懂得發泡，雖然現在菜場中有賣發泡好了的，可是萬一有人送的乾海參等禮物的呢。筆者本人就曾鬧過這樣個笑話，那是筆者對烹調尚未入門的多少年前，家中有別人送的海參一包，一次客來，爲了表示敬意，特加蔥燒海參一碗。倒還也將海參洗了洗，先以清水煮了一個多小時，隨即就起油鍋，爆炒了大蔥段，放以海參，加味素、醬油等煮起來，誰知上桌後，海參韌硬似乾牛皮，簡直不能入口。

發泡海參的程序有如下四步：

①把海參一個個的在慢火上炙燒一遍，像燒豬腳一般，然後用溫水泡起來，約兩三小時。

②把泡的海參洗乾淨，放在鍋內，加足量水，用普通火候煮兩三小時，這時海參已漲大而有七八成熟軟了。

③把海參再加清洗，尤其是腹部內壁，若有黃皮，要刮去之。

④用大塊薑拍碎，和海參一同入鍋再用文火煮三兩小時。此時的海參已軟透，用清水泡起來，可以隨時取用了。

目前市上賣的，大半是只經過程序的第三項的，所以買回來要洗，要加薑煨煮，煮後才可重行入鍋烹製。

海參最名貴的吃法，首推江浙館中的「蝦子大烏參」，方法是以大量豬油，先爆一下蔥薑，立即放高湯，加蝦子，把發好的海參整條整條的入鍋滾煮。這高湯宜用肉骨肉皮雞骨火腿等煮的濃湯。煮到湯汁已少，略加醬油鹽糖酒等調味，勾點牽粉，使蝦子湯汁都沾裹在海參上，就算大功告成。這個菜，蝦子買起來不便宜，用海參很多，而且要用好海參，如家常宴客，豪華固然豪華，可是太不經濟。

海參的吃法當然不只此一端，其他的，只好下文接著仔細談之。

海參與海茄子

上文因爲只談到蝦子大烏參，烏參也者，色黑而全身肉刺突起，是海參的正宗，所以沒提起海參的另一種。

色白皮光的海參，文雅的稱之曰玉參，我鄉土話卻叫它海茄子。目前，市上所賣的發泡好了的海參，多是黑白混攙，其實，它的價値該是黑貴而白稍遜的。

且不論其爲參或「茄子」，一般吃海參，多是黑白兩用的。同時，它也一如燕窩和魚翅，宜湯煨而不能煎炸或乾炒。

「三絲海參」是媛珊食譜上的名菜，其實三片亦無不可。用料不外雞、肉、火腿、冬筍，若是片，豬肚亦可列入。把配料切絲或片均隨己意，如用絲，海參當豎剖成條，如用片，海參也橫切爲片。先以濃高湯將海參煨透，再以豬油炒配料，然後把煨透的海參連湯（煨到湯濃而不太多）一併入鍋滾煮，調好味，勾些牽粉即成。

「酸辣海參」是山東館子裡的拿手好菜，配料仍不外要雞、肉、火腿等，不過湯略多，等於羹，在勾牽之前除了鹽、醬油等調味，外加胡椒粉和醋，盛碗之後上面加芫荽而已。

「大燴海參」是湖南館中的大菜，配料除了肉片、肚片、雞塊、蝦仁，還有丸子，蛋肉捲，甚至鶉蛋等，實已喧賓奪主，海參不過是這什錦中之一。

蔥燒海參多見於北方館，做法是先煮好一塊肥瘦參半的豬肉，煮肉時最好同時以火腿肉，骨肉皮等把湯煮濃。發泡好的海參對剖爲二，把肉切成和海參差不多的條，以豬油爆大量的大蔥段，隨即放入海參和肉條，加濃高湯和醬油，煨煮一個小時，湯將盡時，加少許牽，即成。其實，這和紅燒肉有些類似，只是肉少海參多。

「海參扒鴨條」也是北方菜，方法一如上面「蔥燒」，不過蔥量減少些，肉條換去骨的鴨肉條，不加醬油，最後是白汁。「玉參羹」是「海茄子」的專利，其實此味是以黃魚爲主。黃魚蒸熟後，去骨拆肉。白色的海參切丁，另備筍丁，火腿丁等各少許，以豬油先爆炒細蔥碎薑，把黃魚肉入鍋略炒，即加少許酒，放高湯（這高湯可不必像前面那些那麼嚴格，無高湯清水加些味精亦可），把各種丁一同入鍋，滾煮三五分鐘，調好鹽味，勾些芡粉，盛碗後加胡椒粉和芫荽。但這兩樣免之亦無不可。

以上所談，大都是以海參爲主的，一般廣泛的吃法，它也被鼎分天下，或者僅佔十之一，因爲如「三鮮」，總是海參和蝦仁、雞片，或和肚片、蝦仁而成，而「什錦炒麵」，「什錦鍋巴」，「什錦砂鍋」無一不是攙著幾片海參的呢。

干　貝──江瑤柱

干貝和江瑤柱，實在是名二而實一。小的時候好像聽說過它是晒乾的蟒肉，後來才知道它原來是大海蚌裡面貼著殼的那塊肉柱。

它也屬於乾製海味，應和魚翅海參等列爲一類，可是，它本身味極鮮美，實在比前兩者好吃。

它宜湯宜菜，而且需要和蔬菜或其他東西配搭，假若弄一大碗清炒干貝，那就成了「烏龜吃大麥」，白糟蹋好東西了。

它也需要事先發泡，不能買來就立刻下鍋。發泡方法倒很簡單，把它放在碗裡，加少許黃酒，澆上沸水，立刻蓋嚴，等水涼了，也就發好了。發好的干貝，看吃法而定是使它保持原狀，或是以手捻撕成絲。

干貝蘿蔔球，在酒筵上可以算是一道擺得出的大菜。若是清湯，最好是把蘿蔔球先用水焓過，然後放在碗中，上面鋪上干貝絲，加適量高湯及鹽，以大火蒸透上桌。若是奶湯，無妨把蘿蔔球和干貝入鍋，加高湯煮透，調好鹽味，加牛奶使湯濃白。蘿蔔球可以用天然的紅皮的小圓蘿蔔剝皮削去根尾，也可用大白蘿蔔切塊削去稜角而成球。

干貝菜心（大芥菜心）是把菜心去皮切成菱形塊，以水焓過，清湯完全和蘿蔔球用同樣方法蒸煮。

干貝冬瓜蓉，是煮好一鍋干貝清湯，加入搓爛的冬瓜泥再煮過，湯濃稠而半透明。這當然也可略加火腿丁，肉丁，香菇丁等。

蒜子瑤柱是純廣東菜，不喜歡吃蒜的人是無法進口的，不過，其味也另有可口處。方法是把瑤柱放在碗中央，周圍圈著擺剝了皮的肥大蒜瓣，其量和干貝大約相等，加少許鹽（不宜過鹹），加高湯（清水亦可），用大火蒸兩小時，原碗上桌。

干貝和蛋可有三種變化。把干貝絲和蛋打勻，像普通炒蛋一樣的炒成蛋鬆，很下飯，把干貝和蛋打勻加少許酒和水，倒入滾熱的油鍋中，立刻加蓋，減小火力，烘幾分鐘，俟蛋凝塊且漲，整個反一面，再烘使略乾，切塊盛盤，宜作酒肴，其實這也就是「漲蛋」。蛋去白留黃，加干貝，加高湯（蛋黃量的三分之二，如蛋黃打好是一飯碗，即加多半碗湯），同時調入少許太白粉，大火多油（豬油）略加翻炒，凝成濃稠蛋糊，是干貝溜黃菜。

家常宴客，如果已有很多大葷大腥，最後一道湯，用少許干貝煮青蘿蔔（現已有售，皮肉均綠的那種天津蘿蔔）絲，不見油腥，一碗青青碧碧，是很不錯的。以干貝煮切細的黃芽白菜絲，或嫩小黃瓜片，也都是清淡湯類的上品。

鮑魚之肆

小時候在私塾讀書，一篇「慎交說」的文章，開頭兩句便是「入芝蘭之室，久而不聞其香；入鮑魚之肆，久而不聞其臭」。鮑魚是一種極臭的東西，自那深印腦海。長大了吃西餐，看見菜單上有「雞茸鮑魚湯」之名，心中大恐，當時想：「那種臭東西，將何以入口？」等到菜來，才知道完全不是那麼回事，這道湯不但不臭，而且鮮美可口之極。後來見的世面越多，才知道鮑魚者美食也，名貴之食也。

這道名貴的菜饌，在飯館中酒筵上是常見的，一般家庭中若也要做道鮑魚湯啦什麼的，多是買罐頭貨，改改刀，煮一煮，加點調味，就大功告成，好像很少人去研究它如何發泡，如何烹製更多的菜式。

前幾天，問題竟然來了。一位朋友大姐，被人送了一包鮑乾，她對著那一堆其形、其硬都像鵝卵石的東西，大大的發了愁，便專函叫了我去，說：「妳這好吃鬼，看看這該怎麼辦？」當時，幾乎被她考倒，想了想，忽然記起曾經在一本書上看到過有關吃鮑魚的記載，那是說，把鮑魚放在瓦鍋或砂鍋（鋁鍋也湊付）之內，加大量清水，煮沸後，不開蓋，端離火，燜泡一夜，（當然是至少八九小時）然後取出洗淨，另換清水，以普通火候煨煮三到五小時，（這看鮑魚本身的性質，易軟者少煮些時）煮好後，俟涼，把鮑魚切成大片，仍泡在原湯內，此時之物，就等於罐頭鮑魚了。

若做雞茸鮑魚湯，是把鮑魚連原湯煮滾，加雞茸，以麵粉勾牽，略加鹽酒即成。若是做大菜，可以鮑魚湯加鮮菇片同煮。盛盆時，先把配料擺在下面，上邊把鮑片擺好，所剩湯汁，加稍許奶粉和麵粉勾成白汁澆上，這就是一般在餐館酒席上常見的。若是把鮑魚片和蘆筍同拼一盤，便可當作冷盤，也是常見的吃法。

廣東菜式裡有所謂蠔油子鮑，則是把發泡好了的鮑魚用較多的豬油先炒一下，即刻加入蠔油、酒、鹽、原鮑湯或其他高湯，慢火煨燜到湯將乾時，再加入些豬油略煮，即起鍋，俟稍涼，切片上桌，這是下酒佳品。

紅燒鮑甫和前者大同小異，也離不了蠔油豬油。這是把發泡好了的鮑魚切約二分厚的大片，用豬油一炒，即放湯加蠔油，淺色醬油等，滾煮十幾分鐘，看所剩湯汁不多，即加酒少許，然後勾太白粉糊成濃汁，即可上桌。

台灣「四味九孔」的吃法用於鮑魚，比較更覺精緻，其實九孔即是新鮮的小鮑魚也。所謂四味是一碟蠔油，一碟油炒過的辣豆瓣醬，一碟蔴油鹽炒蔥薑末，一碟糖醋蕃茄醬。一大盤碧綠生菜墊底，擺著切成薄片的發泡好又煮透了白嫩鮑魚，配著朱、紅、黃、褐四色小碟，各沾各味，觀感味覺兩均享受。

有餡的菜

一

「有餡的菜」這個名詞是很不妥當的，但，想來想去只有這麼說才能包括所有的什麼「鑲」、「捲」、「夾」等等。

「鑲」北方口語，多唸「讓」，如「鑲白菜」、「鑲茄子」、「鑲冬瓜」、「鑲青椒」、「鑲蕃茄」、「鑲豆腐」……。江浙一帶則有「鯽魚鑲肉」、「肉鑲油豆腐」、「麵筋鑲肉」……不管讀什麼音，反正都說明菜裡有餡。

「鑲白菜」北方人家庭中常吃的，用黃芽白菜，剝去老皮，對剖爲二，這兩個半棵的白菜都在每層菜葉中間夾上一層肉餡，然後放在大碗或深盤子裡蒸透。如果喜清淡，就原盤上桌，如果喜濃，可以把盤中蒸出來的湯汁倒在炒鍋中加熱，加醬油使紅，或者加點牛奶使白，再加太白粉勾稠，澆上然後上桌。

「鑲冬瓜」是和廣東菜的「冬瓜盅」異曲同工的。北平的冬瓜有的很小，不過像飯碗樣大小，就用這麼一個小嫩冬瓜，從蒂部切開，剜去瓤子，裝入肉餡，或蒸或煮都可以，煮的無妨放寬點湯，起鍋時在碗裡可以放些蔴油、醬油、醋、胡椒粉、芫荽和韮菜等切成的碎屑。上面所說的這些小佐料，是北平人吃冬瓜湯——無論是羊肉煨川，或是豬肉熬冬瓜——一定不可少的。這也只是習慣，其實像開洋冬瓜清湯，油和醬油全免，一樣鮮美好吃。

「鑲茄子」是我們山東人的家常菜，其實當地土話叫做「肉䊆茄子」。北地茄子有其圓如小西瓜者，也有長圓似胡瓜而小者，就用這種茄子，縱剖爲片，但蒂部仍使相聯。第一步驟是入滾水中煮軟，壓去水份。（這要很仔細，不可使散掉或爛了）第二步驟是在每片中間夾上肉餡，把樣子揑成原來茄子樣，以葱葉略加捆紮。第三步驟是以大量油煎炸一下。第四步驟是把過了油的茄子加醬油、酒、糖、葱段、薑片、蒜瓣，以及花椒、八角等紅燒，燒的火候越到家，越好。這菜其味雖美，但比紅樓夢裡那「茄鮝」還費事，不知爲什麼從前家中人竟那麼不怕麻煩。對於茄中夾的肉我並不見得愛吃，愛極的是那茄蒂，小時候總說是吃「茄雞腿」。

此地的冬瓜和茄子都不是上面所說的樣子，談了等於零，因無法仿做，不過筆者認爲均可改良，其味所差無幾，而省事多多。

原來的鑲冬瓜，可改作冬瓜夾，就是把大冬瓜由條切片再夾肉餡，不過是只能蒸而不能煮，因入水會散也。原來的鑲茄子，也改為茄夾，長條茄子斜切厚片，夾以餡，沾裹麵糊以油炸透，沾花椒鹽是一種。以較多量的油，爆炒蔥薑蒜等，加醬油、酒、鹽糖配成濃味油湯，把茄夾先在鍋中擺好，燒下這濃湯，蓋鍋煮到湯汁將盡，小心盛出，其味和那種費手續的「肉嬃茄子」所差無幾。

二

上文已經談過了「鑲茄子」和「鑲冬瓜」可以改良成為「茄夾」、「冬瓜夾」，這種從一種吃法做法，研究出省錢省事的簡單辦法，好像是「談吃」的主要目的，不過，現在要談的「鑲青椒」，「鑲蕃茄」，「鑲豆腐」等，卻適得其反。

「鑲青椒」是用燈籠椒去蒂和子裝入肉餡，先過油，再紅燒，用紅綠青椒各半，選擇個頭不多大的，燒好後是很漂亮的一個菜，如果不怕辣，用尖而細長的辣椒去蒂去子鑲肉，烹出來該更下飯。

「鑲蕃茄」多見於西菜，蕃茄挖去瓤和子，裝入牛肉餡，外加蕃茄醬及其他調味煮成帶濃汁的，配上煮的四季豆，每盤半紅半綠，人各乙份是西餐吃法，若把這蕃茄擺在大盤中，旁邊圈以四季豆，當中菜上桌，亦無不可。選不太大的蕃茄，先以滾水燙過，剝除外皮，再剜瓤子，裝入拌好的沙拉，則可當冷盤用，只是這沙拉最好用包心菜，熟肉末，嫩豌豆等來拌，普通的那種馬鈴薯、黃瓜、火腿等丁狀物所拌，嫌不夠細緻。

「鑲豆腐」是廣東菜，分紅炆和清炖，是把豆腐切成大三角，裝入肉餡。紅炆是過了油紅燒，清炖就是白煮。在廣東館中可能稱是名菜，家常待客，並不見得十分出色，假若麻煩一點，把豆腐搗爛，加蛋白和太白粉和成豆腐泥，用這豆腐泥裹肉餡，成為一個個的大丸子，（這要手藝了，方法是先取豆腐泥放在杓中，擱上肉餡，再加豆腐泥蓋勻，即放入已沸的湯中）如吃清炖，無妨煮時用好湯，如要紅炆，也等煮成丸狀後，再加醬油等紅燒，最後湯汁中可調點太白粉使濃稠。這也算改良方法。

「鯽魚鑲肉」，實在是浪費，鯽魚本身已很鮮美，腹內裝了肉，反而奪去魚的眞味。不過，也許有人喜歡，否則便不會有此菜式。

「油豆腐鑲肉」多用於湯，麵筋鑲肉則可以紅燒。一般的當然是以麵筋泡來鑲，其實那種素腸麵筋若塞滿肉餡後紅燒，取出後再改刀斜切成小段，也是很別緻的下飯之菜。

油豆皮捲肉，炸透即吃的叫作「響鈴」，炸後再行燒煮的也是吃法的一種。捲好蒸熟的叫「腐衣肉捲」，見於名家食譜。

百葉捲肉，一如前者，只是不炸，僅供蒸或煮。

用豬腹內網油捲八寶糯米飯——即是用肉丁、火腿、香菇、筍丁等拌煮好的糯米飯——沾些乾太白粉，炸而食之，叫做香酥糯米捲。若是米內多摻雞丁，炸時用雞油，又可用「糯米雞捲」，這兩者是點心，但也未嘗不可算是帶餡的菜的另一種。

凍子

一

朋友家請客，四冷盤中有一個是圓圓的一塊雞翅雞腳凍，吃的人無不讚美，因爲它的確是下酒的好肴。

她家這凍的做法，是以雞翅雞腳先紅繞透爛，起鍋前大概略加幾根洋菜，然後即把翅與腳在淺盆中排排好，所有湯汁，一古腦兒加入，冷凝後自然成了像琥珀似的一團凍子。

品嘗著她家的這盤美味，筆者不禁想起了「水晶肘子」、「虎皮凍」、「羊羔」、「魚鱗凍」……。

「水晶肘子」是北方名稱，實際上是「冷凍白炖蹄膀」，賣相很好，可惜太以「大塊文章」，有很多人並吃不消的。做的方法至爲簡單，把蹄膀加足量水，略加蔥薑和酒以去腥味，煮到透熟，尙餘白色濃湯，加鹽調味，趁熱起出湯上浮油，並棄去蔥薑，把蹄膀取出，切成適當的塊兒，在碗中仍排成原狀，澆上湯，經冷凝，盛在大盤中即成。這品菜注意的是去油和切塊，如不去油，凍後凝脂如雪，誰敢下箸。若不切塊，凍後皮已堅韌，非箸所能分割，又如何下箸？其次是要配好器皿，以珊瑚色盤、翡翠色盤，或五彩瓷盤盛之均佳，如以白塘瓷盤盛之，則有「屍」的陰森，不引人食慾了，如只有白瓷盤，則至少要下襯以生菜葉，再配朵洋芫荽及蕃茄片等，以烘托色調。吃時配鎮江人吃肴肉的薑絲與醋，或四川人的辣子紅油加醬油，都比空口白吃能多幾箸。因大葷而冷，終不是一般人都習慣的。

「虎皮凍」是北方的平民下酒物，肉皮煮透，切細條，加醬油和鹽，一起和勻，冷凍凝成一大塊，再切成大厚片，凍中有皮，花紋似虎，不過，肉皮冷後變韌，咀嚼之下，實在費力，講究吃的人，所不取也。

筆者幼時在故鄉，家中每逢過年必做「凍」，因殺一口豬，很多肉皮無其他出路之故。不過我家那凍中無皮，另加佐料，在記憶中是極好吃的。做的方法是用大量肉皮煮一大鍋，除了醬、油、鹽、酒、薑，還加花椒、八角等五香。把肉皮煮到透爛，即行撈出，或棄之，或給佣人等吃。鍋中的其他渣滓亦均撈淨，取去浮油，加些洋粉（又名寒天燕菜）再煮滾，即放置一邊，俟其漸冷，以炒熟的去皮花生米撒入（加以拌攪）凍凝後，等於琥珀嵌珠，吃時切塊裝盤。花生米香酥仍舊，凍子入口而融，合成一種極美之味。不過，筆者那時卻覺得吃凍子是「吊嘴」，有時寧可去吃那家人認爲「粗吃」的菜幫拌肉皮。菜幫是黃芽白菜的外邊老皮，是以刀片成不規則的菜幫片，入滾水中一煮即撈起，以之和煮凍的副產品——肉皮加醬油、蔴油、醋拌在一起，吃起來實不遜於雲南名菜「大薄片」的。

二

上文從「虎皮凍」而說到「肉皮拌白菜幫」，眞是離了題的文章，現在，言歸正傳，且談「羊羔」。

「羊羔」實在該寫作「羊糕」才對，不知道什麼人自作聰明，把羔羊顚而倒之，以致所有的飯館都這麼以訛傳訛的寫起來。顧名思義，「羊羔」當然是煮一鍋羊肉而凍之成糕的，其手續則是以整塊的羊肉，先以清水，只加葱薑和香料（如花椒、八角等），不加鹽醬，煮至肉爛湯濃，把鍋中雜物撈出棄去，再把肉加以切細（或小塊，或大片，均無不可），加醬油、鹽、糖，調好滋味，再滾煮片刻，或稍調一點太白粉，即可倒入大碗中，俟其冷凝，切塊成糕。北方餐館在冬令都有此味，配拼盤佐酒極佳，以之當正菜，則稍嫌「高不成低不就」。

「魚鱗凍」不是「魚凍」。一般的「魚凍」多是把紅燒魚多放點湯，冷凝後連魚帶凍一起吃，而「魚鱗凍」則只是純凍。我鄉盛產鯽魚、鯉魚，每逢吃魚，總是先把魚剖腹洗淨，然後刮鱗，刮下之鱗，放置鍋中，不再洗滌，加水及蔥薑，用大水滾煮約四五十分鐘，鍋中鱗已多化去，若有餘渣，則撈濾乾淨，這鍋濃白的魚鱗湯，冷後便成了「涼粉」似的「凍子」，這凍子切條或丁，以薑末高醋，蔴油醬油調拌來吃，鮮美異常。不過，這只是吃魚時的副產品，下酒較宜，熱天當涼拌菜吃吃，也還爽口，若專烹此味，是不必也不能的。因爲若不買魚，何來魚鱗？筆者吃過的都是淡水魚魚鱗所製，海魚是否可做？沒試過。不過，據理推論，似不太宜。

精緻的可以入席的「凍子」，筆者試做過「雞什凍」，是用雞鴨肫肝放在用豬肉皮煮好的湯中煮熟，切成塊狀，再分別擺在做糕餅的鋁質小烤盆中，澆上湯，冷凝後取出成花式的晶體，擺在盤中，下襯以生菜葉，再擺點胡蘿蔔切成的花片，在觀瞻上，比普通的滷肫肝等悅目，吃起也頗新鮮。

至於各種果凍，無非是以糖水煮洋菜成濃汁，然後加果汁香料，或者是水果塊粒，在冰箱中冰透，然後食之。其中以「櫻桃凍」較悅目可口，「葡萄凍」則應該先剝去葡萄皮，在凍汁裡加葡萄汁，不如此則色香都不夠。甜瓜凍應加淡綠的色素。

本省的「仙草」，「愛玉」則是植物的天然膠體，也是「凍子」的另一種，夏天吃了的確是消暑去火，只是街頭所買者，又是蒼蠅又是塵土，有些人不敢嘗試耳。

涼拌

天兒漸漸的熱了，正是吃涼拌菜的時候。以葷腥爲主的涼拌，如四川的怪味雞、棒棒雞、蒜泥白肉、雲南的椒蔴雞、大薄片等等，在餐館裡相當有名的。而且，家常配飯佐粥，很難買隻雞來煮了然後涼拌著吃的，吃雞，就得不辜負牠。蒜泥白肉和大薄片，前者用豬腿，後者是豬頭，價值不算貴重，但切的手藝要緊，若是刀鈍手拙，不能切片如紙，則精彩全失，所以也不是適合於普通來吃。

有三五友人小酌，在冷葷中，拌腰片可以算是精緻的。把腰子洗淨切薄片，在滾水中一燙即撈出，配上筍片及嫩豌豆莢涼拌，清鮮嫩爽，比炒的好吃。但主要的技巧在那一燙，若火候不夠，會有血腥氣，燙老了則韌如牛筋，也不適口。合適的方法，是煮一鍋較多的水，當沸時，把腰片倒下，立即端鍋離火，把腰片略加翻攪，然後撈出，瀝去水份。若以少量水在火上煮，往往難以煮到熟而不老。

北方的拉皮，是雞絲、肉絲、肚絲無所不宜，家常做，以炒肉絲最方便又好吃。粉皮無妨用菜市所賣的鮮粉皮，配的黃瓜絲要切得細，但絕不可切後即加鹽醃，因爲醃過的黃瓜絲會軟塌一團，旣難拌，又難看，還難吃，肉絲是略加蔥薑細絲，入鍋炒熟，炒時加適量鹽味和醬油，盛出俟涼，吃時澆在盤中已擺好的粉皮與瓜絲上，淋些蔴油和醋，即可上桌。加否芝蔴醬，芥末或蒜泥，則看各人口味而定，沒有定規。

如果不用粉皮，用洋粉（寒天燕菜）亦可，而拌洋菜的花色又可變成多種。記得一次在一位山西朋友家裡吃飯，他在四個什麼油爆蝦、肫肝之類的小盤冷葷之後，擺的是個極大的白瓷盤，盤中央堆洋粉如雪，四週圍著的是淺粉色的肉絲，嫣紅的火腿絲，純白的肚絲，淡黃色的蛋皮絲，翠綠的黃瓜絲，朱紅的胡蘿蔔絲，大紅的辣椒絲，淺碧的萵苣絲，黛黑的海帶絲，在客人就座之後，她澆上了一碗預先調好的三合油，當場攪拌，這味「拌什絲」吃得個個人說好，其實她用的錢並不多。經我仔細品嘗，這些絲中，黃瓜和萵苣是鮮脆的，辣椒和胡蘿蔔都先經用鹽略醃（因這兩種東西極不易入味）海帶則先煮過。肉類當然也都是熟的。

說到這兒，便想到爲什麼她澆上的一碗是預先調好的三合油，而不是將醬油、醋、蔴油分別倒入菜中了，這便是涼拌菜的要訣和技巧，因爲不如此，則所有菜絲所沾的味道可能酸鹹不勻，有一點不同，入口其味則差。而且調三合油時，可以放味精和少量的糖，便鮮甜酸鹹完全溶合成爲可口之味。目前餐館中那種菜面上頂著晶晶的味精顆粒，臨時亂加醬油、醋等的拌法，實在不是辦法也。

素涼拌

上面談的涼拌菜，全部是以「葷」爲主，如雞、如肉、如肚、如腰等等，其實，素的涼拌，樣式更多。

一塊豆腐，拌皮蛋可，拌香椿更好，拌蔥、拌蒜、拌辣椒，亦無所不宜，只要鹽夠油足，就很可口，民國三十一、二年時候，北平淪陷於日本鐵蹄下，人民生活苦不堪言，有人竟創以沖泡過的茶葉剁碎拌豆腐吃，當時的作家，還曾以之寫入作品中，這可以說是「特別涼拌」。

芹菜拌鮮核桃仁，是我鄉常吃的美味，在這裡鮮核桃無處尋，當然免談，但芹菜拌干絲，在川菜館中「小碟」群裡仍是最先被食客吃光的。

茼蒿菜燙熟斬碎拌香干丁，滑腴可口，菠菜拌海米，同樣的引人食慾，爲了增加色調之美，此兩者都可在盤中間加上一小撮胡蘿蔔丁或紅辣椒丁，以便「萬綠叢中一點紅」。

四季豆切細絲煮後拌粉絲，包心菜，黃芽菜亦均可如此一拌，我鄉統名之曰「拌和菜」。黃豆芽拌雪裡紅，綠豆芽拌韮菜，其味也各有千秋。

茄子蒸熟後加蒜拌成茄泥，比素炒好吃，嫩黃瓜更是熟炒不如生拌，不過所有的這些涼拌，主要的是要有好蔴油。略加芝蔴醬是求其味濃，不加芝蔴醬卻更清爽，有些人以爲熟的花生油可代蔴油，無芝蔴醬花生醬亦行，在我卻期期以爲不可。再歸納一下，大概凡是莖葉之菜，涼拌之前必須煮熟，根莖之類（如蘿蔔、萵苣）涼拌之前宜加鹽略漬。

四川的「涼豆魚」是涼拌素菜中較爲精緻的，方法是綠豆芽先經燙熟，俟涼後，用油豆皮捲成春捲樣子，入油略炸，（不炸亦可），再經蒸過，切成小段，上面澆上各種調味，如紅油椒粉，薑汁蒜泥等，微溫或涼透兩均可吃。

北平的溫朴拌白菜，是冬季佳品，這裡沒有溫朴（一種酸果），以山楂糕或果子醬代用，其味也並不差。主要是黃芽菜必須好，選其最嫩的菜心，切絲要細，加少許鹽略漬片刻，上桌之前，瀝去漬出來的菜汁，澆上調好的白糖芝蔴醬和醋，再加些山楂糕丁或李子醬拌勻即可，這是飯後解酒的酸甜涼爽的尾菜，不能下飯，佐粥則可。

談起這些涼拌，不禁想起十八年前離家前夕的一件趣事。那時我們兄弟姊妹十多人，因大家有的要來台，有的要赴校，有的將被調，分離在即，乃議決各做拿手菜一個，聚餐惜別。事先都極端保密，好像一定有什麼山珍海味，等到吃時，左一個拌黃瓜，右一個拌豆腐，最小的十一歲的弟弟，端上來的竟是紅糖拌芝蔴醬，原來他什麼都不會做，只好用這種最簡單的搪塞。如今事隔多年，但在記憶中恍如昨日，提起涼拌，我不由鄉愁如湧而來。

焦炸與軟炸

和朋友一塊去吃北方小館兒，看見菜單上列有「焦炸小丸子」，「軟炸肫肝」等等，她很有研究的興趣，問我：「什麼是焦炸？什麼又是軟炸？」

望字知義，按說這該是寫得很明白很容易懂的，但是，實際情形，焦炸的未必都焦酥響脆，而軟炸的也並不一定柔軟稀爛，它的分別完全在於沾裹東西與否上。換句話說，也就是焦炸是要把炸的東西直接入油炸之，而軟炸是要把炸的東西外面沾裹一層雞蛋麵糊。

如炸八塊，炸丸子，炸排骨等，應都屬於焦炸範疇，而此等之雞、之肉並不一定嚼來酥脆。

如炸豬排，炸大蝦，麵拖黃魚則歸類於軟炸，不過如果加重點火候，那一層外皮，倒眞的焦酥，所以若認眞的去咬文嚼字，菜譜上的名稱，該說是有很多要加以商榷的。

焦炸也罷，軟炸也罷，家常宴客時，在十來道菜肴中，「炸」總是不可缺少，如「炸蝦吐司」，「炸鳳尾蝦」，「炸響鈴」（腐衣春捲）等，都可列為很精緻可口的佳味，而做「自助餐」，炸豬排，炸魚排更可算是主菜。

「炸豬排」無甚稀罕，炸魚排在大陸時，只有桂魚（鱖魚）可用，而在這裡，鯧魚炸起來當然極好，如更省事點，就買那作「撒西米」吃的旗魚、沙魚的大塊肉回來，切成厚厚的大片，先以鹽、酒以及淡色醬油醃泡一會兒，在上桌之前先每片沾一下打鬆的蛋汁，再蘸上麵包屑（有現成的出售）即入油炸之，火不要太急，炸成金黃，自然外酥裡嫩十分可口。

炸菜只要捨得油，會看火候，其他無甚巧藝，可以說沒有什麼好談，倒是有一樣眞正外面要焦，裡面極軟的炸物可以說說，那就是「鍋炸」。

「鍋炸」最先見於四川菜，現在廣東菜中有之，它實質上就是炸雞蛋麵糊，然後可以蘸鹽或糖，甜鹹均可，前些時電視中也示範做過，不過筆者對此略加改良，做成後美其名曰「炸冰淇淋」。材料用一個雞蛋，一飯碗麵粉，一杯牛奶，多半碗砂糖，外加一點香草片或香蕉油，咖啡、可可或其他果露。可以做成夠一桌（十人左右）菜中的一道甜點，製作的手續是鍋裡先放兩飯碗水，煮滾即加糖使溶成糖水，在煮水時間，即以一個蛋和一杯奶把那一碗麵粉調成糊，如太濃稠，可略加水，香草片或香蕉油亦於此時加入（如用咖啡或可可，該先以水沖好，加入鍋中糖水內）俟糖水滾沸，把麵糊徐徐倒入鍋內，一面不停攪擾，使鍋中成爲無疙瘩麵塊等的純淨漿糊，把這漿糊倒入淺碗或便當盒中，數小時後冷凝成一塊涼粉似的東西，再切骨牌塊，每塊均沾匀乾的太白粉，入大火熱油中炸之，外面變色即成。它比原始的那「鍋炸」在味道上可口甚多，可以算是「炸」裡的一個新的創作。

酒席的今昔

一

眞是「光陰似箭，日月如梭」啊，本人在此執筆談吃，轉瞬間已整整的一年了，在此一年中，所談之吃，無非是某種菜肴烹調時有何要訣，某種東西可以做出些什麼可口菜肴，想到就說，拉雜無序。看過的朋友們，有的認爲不無可取之處，表示曾由這兒得到烹飪方面靈感的啓示，但也有的認爲，看過之後，不會做的菜仍然是不會做。當然這是「談吃」並非「食譜」，在下筆時未把某種菜的用料幾斤幾兩，幾又幾分之幾量杯說明，也未寫出火候是多少度C或幾分鐘時間，關於此點，筆者願略有聲明，我們中國菜的烹調，是屬於「藝術」方面的多，屬於「科學」方面者少，調味火候甚至在鍋中時用鏟翻炒的刹那，全在於掌廚者的心領神會，絕對不是一面看錶，一面計算份量，就能做出達到理想的食物的。一般「食譜」寫得儘管那樣詳盡，也只是給按譜學烹者一個大概觀念，若是認眞得一絲不苟，不加上自己相機行事，其結果一定是「盡信書不如無書」，這是筆者多少年前初學入廚深深受過的「經驗」。

「由於談吃」既非「食譜」，所以在這已談完了一年的另一年的開始，筆者想把談的範圍再擴大一點，由酒席（其實該稱筵席）的今昔不同，依次的談到什麼樣的酒席該有些什麼菜，然後再談家常宴客，怎樣的調配成像樣的酒席，不過，計畫是如此計畫，但假如這種「談」法並不爲讀者所喜，只要有人提出，本人絕對「從善如流」，立刻改正。

談起昔日的酒席，只好翻檢筆者最早的記憶，差不多那是四十多年前，筆者剛識「之無」，就極端表示自己識字，任何行諸文字的東西，一概照看不誤，一天，早上剛在當時的「順天時報」上看到一篇有關「燕菜席」的什麼記載，上面詳述了各種菜式果點的名字，晚間就跟隨父親去赴一家什麼銀行行長的筵席，吃的正是整桌「燕菜」，使筆者如同「看圖識字」，看著面前擺的盤碗，核對記憶中晨間所看到的文字名稱，心裡有種說不出的「洋洋自得」。就是那種感覺，才使我對所見事物，記得深刻，至今未忘。

昔日的酒席，在客人未入座之前，有十二種東西先擺在桌上，名曰「押桌」。

它們是「四乾」——核桃仁、杏仁、黑瓜子、白瓜子，用細瓷小盤盛著。「四點心」——棗泥狀元餅、澄沙菊花酥、杏仁到口酥、大油槽子糕，用底部略高的一種花瓷盤盛著。這些點心，都是中式糕餅店中所售。比較高級細緻的「四鮮」——香蕉、蘋果、鴨梨、福橘，用高腳銀盤盛著。這十二盤每種都使筆者饞涎欲滴，可是當時好像它只供看而不供吃，所有的客人，沒一個人敢食，等到大家入座後，侍役立刻把它全部搬走，換上了四個普通大盤，客人這才舉杯動箸。

二

四冷盤才是酒席正式開始的菜肴，它無非是火腿、白雞、香腸、油蝦，所以也叫做四冷葷。

接著再上來的是兩道熱炒，盤子比擺冷葷的盤子大些，那天的是「辣子雞丁」和「清炒蝦仁」。然後，大海碗上來了（是碗不是盤），叫做四大菜，第一道是「鴨子」，第二道是「海參和魚肚」，第三道是「清湯官燕」，這個菜上來之時，被請的客人全都站起來，對主人表示謝意。在上這三道大菜的同時，每道還附有兩個，介於盤碗之間的小型器皿盛著的菜，叫作「燴碗」，那天的是「燴鴨舌掌」，「奶湯菜花」，「炒腰花」，「蒸雞蛋羹」，「雞絲豌豆」，「白扒肚條」，總算起來，到此已經是十五道菜了，接著是鹹點心「燒賣」。然後是甜菜「百合羹」，還附著兩小皿是「栗粉糕」，「高麗澄沙」。

這時主人就請大家「門前清」，也就是把面前的酒飲乾，然後桌上的「大海」，「小皿」，酒杯一律撤走，重新又端上四個中型碗菜，是「紅燒丸子」，「蝦米白菜」，「炒雪裡紅」，「燴豆腐」，另有一大碗「榨菜三片湯」，這叫做「飯菜」，其實，所有的客人對此全都沒了胃口，有人能舀碗湯喝，已經很不錯。

客人離席前，侍役端著小托盤，裡面四個小碟，盛著的是牙籤，檳榔塊（不是臺灣這種青綠色的生檳榔，是中藥店中那種乾製的），砂仁，豆蔻，請客人取用。客人離席散座後，才端上水果和乾果也就是最初擺在桌上的那些，不過水果都已削皮切塊，上面插著牙籤，表示這才是該吃的時候。

這一餐燕菜席，吃了差不多整二小時，當時小孩子的我，吃到後來幾乎已昏昏入睡，連水果都沒再引起吃的興趣。

後來根據書本上的知識，懂得了酒席的名字，就是由那四大菜之中的最貴重的一種而定，而以上面所講那種上菜的程序和盛菜的器皿，是京朝派的官席漢菜的規格，若是滿漢全席，就要有烤小豬，烤小羊等。而全份的滿漢全席，菜果一共一百道，其中很多是重複的，如全豬全羊就有烤，有蒸，那不是用十二人一桌的吃法，而是人各一席，隨意取用，如同現在的自助餐形式。

當然，那時也有粵菜、閩菜、川菜之分，不過僅是烹調用料之不同，如標明稱爲「某某席」，則上菜前後要守一程序，絕對不能把炸核桃或炒什麼都當「冷盤」用，如目前一般幾百或千元一桌的酒席，過去只稱之曰「和菜」，要不就叫「便席」，不算是隆重待客的筵席也。

冷盤的商権

上兩次談到昔日的酒席，以一席「燕菜」爲例，不是筆者不知「時代領導一切」，飲食之道應有革新與改良，實在是，若講經濟實惠，今天盛行於前方（金門、馬祖等地）的梅花宴（五菜一湯）的確是可稱頌、可倡導、可遵行的，但若像目前一些大飯店裡動輒新臺幣三數千元以上的酒席，其菜肴的調配，上菜的程序，則在派頭上與吃的人口胃的享受，絕對是今不如昔。

不久以前，筆者參加了一次相當盛大的宴會，看樣子菜肴至少是三千元一桌，因只其中的一道「紅燒水魚」就要値三四百元，但是一開始的四盤，卻是極使人不敢恭維，因爲那四盤兩甜兩辣，都不是下酒佳品，兩甜是「炸核桃」和「蓮子糯米藕」，兩辣是「韮黃辣椒炒羊肚絲」和辣味的「乾燒鯽魚」。

正式的宴會，不是家常便酌，菜式當然不只是三味五味，如果一上桌先用使人易飽的又油又甜的「核桃」，「糯米」等把客人塡倒了胃口，其後的大菜，豈不是等於浪費了嗎？所以，冷盤實在是應當清爽精緻，少用熱炒，以免和繼續而來的菜重複。

關於冷盤，若求一上來就表現酒席的地方色彩，川菜中可以是棒棒雞，拌腰片等，雲南菜可以是椒蔴雞等，蘇揚菜可以用肴肉，北方菜用雞凍、酥魚，此外如鹽水熗蝦是江浙菜常用的，油雞，燒鴨算是粵菜，熗青蛤是閩菜。這個固然是由餐館方面提供，但也看食客的指點與要求，假如你認爲「宮保雞丁」可以當第一道菜，接著以小盤的八寶飯佔「冷盤」之一，當然也沒有人非抬硬槓認爲那是絕對不可。

再進一步嚴格的講究一下，冷盤在昔日又稱「冷葷」，正宗的用料多是白雞醬鴨，滷肚薰腸，香腸火腿，再就是薰魚爆蝦，鹽水肫肝，醃的肝片肉片，松仁小肚，煙薰粉腸種種。此外青蛤、海蜇、皮蛋，也還可以，至如各種的拉皮，各種涼拌，有時就會被認爲「不登大雅」了。

有一位以考究吃聞名的女士，她對目前的一般家庭中宴客，冷盤裡有「沙拉」、滷蛋等，認爲不夠派頭，她說：「如果那樣，一盤花生米，一盤拌豆腐，一盤鹹菜絲，一盤鹹鴨蛋，也可以算四冷盤了。」

她的話當然刻薄了些，不過這也可看出昔日的過份講究，和今日多已「改良革新」。其實呢，今日時地非昔，食物每以稀爲貴，目前的一盤香椿拌豆腐，其價值也許並不低於同量的一盤油爆蝦呢。

而「沙拉」如果拌得好，用料精緻些，西菜中用，倒也十分爲人歡迎。

關於熱炒

一

過去酒席中，於冷盤之後，上兩道以中等器皿盛著的炒菜，它的專門名稱曰「熱炒」。

能做「熱炒」用的菜，仔細數起來，可以說是多到不可勝計，但最常見的卻總不外是「炒蝦仁」、「炒雞丁」、「炒腰花」等三五種，這在目前的一般北方餐館，較爲普通的酒席，有很多還是遵守著這種規定。

不過筆者頑固認爲一切都是今不如昔，因爲是如果按著人「口之於味」的感覺講，過去酒席的由普通菜進入到山珍海味的上菜程序，絕對是合乎道理的。

假如第一個菜就來個「炒全蟹」，接著是「清湯燕窩」，人們吃過了這兩個極端「鮮美」的美味之後，其他的紅燒白煮豈不都變成淡而無味嗎？

目前比較豪華的酒店，往往以「熱炒」代替了「冷盤」，一上來四樣可能是「炒雙冬」、「炒雞片」、「炒蝦腰」，也許是「油炸核桃」，酒釀蒸火腿，這在食量較小的人，吃完這些，可能已有八分飽了，其後的若干大菜，在「飽食難品味」之下，便很不容易還讓人能夠認爲「出色好吃」。

筆者每逢吃到這種盛筵，往往爲後來的大盤大盤的魚翅啦，鮑魚啦，覺得可惜，替它們抱委屈。

關於「大菜」，留待以後再談，對於「熱炒」，筆者雖然認爲不用過好的「質」，不必過多的「量」，可是在烹調技術上，卻要嚴格的講究點兒，同時，在調配花樣上，也當有所變換。而且，有很多地方色彩較濃的，雖然也是「炒得很熱」，卻不一定合適於用於一般酒席中。

譬如川菜中的「宮保雞丁」，在點三五個菜小吃時，它是既香且辣，下飯配餅，無不合宜，但如列在酒席中，以之當「熱炒」佐酒，吃過了它，辣得使人口舌皆木，之後便眞是食而不知其味了。

北方菜的「爆雙脆」、「溜魚片」，可以說是極要手藝而較新式的熱炒，但它卻很少入「席」，只由食客單點另叫。

粵菜中的「蠔油牛肉」、「炒肱胱」也是很可口的炒菜，當酒席的熱炒，不會有「奴欺主」的情勢，但同樣的很少見諸盛大的席面中，這不知是爲了什麼？高貴的熱炒，但今天在遍地竹筍的臺灣，其貴已失，可是好吃則依舊。「炒肉片」是北方人認爲不登大雅的，「炒鴨片」則覺得稀罕，而現在如「茄汁鴨片」、「菠蘿鴨片」，倒也另有風味，可列爲高級「熱炒」。

「炒田雞」、「炒鱔糊」，是江浙「名炒」。「蝦子玉蘭片」，過去在北方是

二

上次談到「熱炒」，說它「要手藝」的，其實所謂「手藝」，也只不過在刀工方面，片要切得薄，絲要切得細，該切花紋，不能切作光板，在火候方面要火旺油多，把握時間，在調味上要一次加得恰到好處，不能一加再加，如此而已。

此外，有的則可用先入滾水一汆的方法借以偷點巧兒，譬如炒豬肝，如肝片切得不夠薄，炒出來容易外面夠老，中間還夾著點生血。如肝片切得太薄，又會有很多肝末，炒出來不夠漂亮，爲求盡善盡美，先把薄薄的肝片在寬寬的沸水中一燙即行撈起瀝乾，入鍋再炒就能做到恰到好處了。

有的則可以預先另加佐料調製，如炒雞丁，什麼辣子雞丁，宮保雞丁一概在內，爲求雞丁之嫩，當切好後在淡淡的白糖水中略泡片刻再行下鍋，就是炒過了點

火，也不會老。

炒雞絲，肉絲，在下鍋之前，把「絲」加點蛋白攪和一下，自會炒成又白又嫩。如果想以豬裡脊肉冒充雞脯肉，則是在切片或絲之後，用冷水浸泡，泡出其血色，再有蛋白在外包裹，絕對可以亂眞，炒牛肉先加蘇打當然也是使之嫩，但苛鹼性破壞蛋白質，炒成之後養份既失，香味也少，並不可取。

炒蔬菜之類，也是寧求其略生，不可炒之過火。有的菜比較不太容易熟，也有人主張先過滾水，這樣更可保持其翠綠顏色，可是，肉類的蛋白質經水煮不會損失，而蔬菜中的維他命ＢＣ等往往隨水而逝，煮過再炒的菜，常是只存其形，而失去了很多養份，對吃者而言會是很不划算，其實炒蔬菜如果處理得法，一樣可以炒得理想。

譬如白菜、青菜、菠菜等，只要認眞注意，菜莖菜葉分先後入鍋，就不會炒成葉已爛莖未熟。

同時，當油大熱後先下鹽再下菜，則炒出後不會鹹淡不勻。

至如以蔬菜及肉類混炒，如韮黃炒肉絲，韮苗炒肉絲啦，這些易熟的當然不會有問題。

像四季豆炒肉絲，蒜苔炒肉絲，則必須把四季豆、蒜苔等先加刀工也切成絲，否則就成了「紅燜」，而非「爆炒」。
炒豆腐豆干之類，以油先爆爆它們，然後再加入配料炒之，較爲好吃，否則就算是「燴」了。
關於熱炒，佔用了家庭生活兩次的地盤，好像只談的是提綱挈領，這實在是因爲炒菜是最普通烹飪方法，而名之以炒菜的樣數又太多太多，無法一一列舉，不過，如果有人願意專研究某個菜該如何炒，只要願意問我，我也願意一談。

熗碗改良

在前幾期「酒席的今昔」裡，我們曾經談起過，過去講究的酒席，在幾道大菜的同時，都各附有兩或四個「熗碗」，當時爲了表示豪華、派頭，這種舊例是相當夠意思，可是對實際的需要——食客胃口上的需要，「熗碗」也者，實在是不必要的浪費，「大菜」在質與量以及色香味各方面都已足夠「大快朵頤」的了，「熗碗」如同「婢隨夫人」，就算它「略具姿首」，也不能以「以奴欺主」，有的時候，很可惜白糟蹋了這「蓬門碧玉」。

昔時「熗碗」用的器皿多是和「大海」花色配合的半高腳，（碗底下的瓷圈約有半寸）淺碗，現在市面上很少見這種樣式了，成桌成套的瓷器中，恐怕也未備這一格，大概是因爲「熗碗」在今日早已沒落無聞，同時熗碗裡的菜，略經改良，也早升級成爲大菜了。

就以筆者曾舉過的熗碗之例，如「熗鴨舌掌」、「奶湯菜花」、「蒸雞蛋羹」、「雞絲豌豆」、「白扒肚條」等，在其爲「燴碗」之時，隨在「燕窩」、「海參」之側，又盛在淺淺的小皿之中，當然不很起眼，可是如今，大大的一盆鴨舌與鴨掌，實在比一隻清炖鴨子讓人覺著名貴與精緻，而其白如雪的一盆「奶湯菜花」，上面撒上鮮紅的火腿屑，擺一朶碧綠的洋芫荽，繼葷腥之後，令人覺得清鮮適口。

「雞絲豌豆」改成「雞泥豌豆」或「雞茸豌豆」，原料不變，只在切剁上加點工夫，是很「時鮮」的大菜。

「蒸雞蛋羹」如用細瓷大鼓子（不是碗，是種鼓形的瓷器）盛著，上面澆上有點海參、肉片、蝦仁等燴成的湯汁，也可以名之曰三鮮芙蓉蛋。肚條本來就可以獨立成爲一個大菜，如果和海參並列於一碗，可以曰「扒黑白」，灌入雞蛋蒸熟切片加汁可以是「金銀肚」（清湯白汁都可），裝些糯米火腿丁，香菇丁等（像八寶鴨所塡的），可以做成「八寶肚囊」。而這些「大菜」，在眞正的酒席上還不多見，家常宴客，有二三道夾在「香酥雞」、「紅燒魚」等之間，是很清新的。

從前只夠當「燴碗」的還有如「燴兩雞絲」、「燴雞鴨什」、「溜黃菜」等。現在也都一律可以當大菜看待。如果買一隻薰雞，可以斬作一個冷盤，剩下的就可以撕點雞絲，和新鮮雞脯肉做成燴兩雞絲，如果加點時鮮的豌豆苗，其評價絕對不在一隻清炖雞之下，「雞鴨什」炒之可做熱炒，炒了加點湯、勾點牽粉成汁而燴，配上鮮菇或鮮豌豆，就顯得很高雅精緻。

總之，「大菜」與「燴碗」，過去在「質」上也許少有差別，可是主要的還是在於盛它的器皿，正如服裝之定人身份，如今在「人靠衣裝」之下，它升作「大菜」，是合理而又切合實際的。

所謂大菜

「大菜」這個名詞，在某些地方有另有專用的。譬如上海人說吃大菜，就是說的是吃西餐，故都北平的「擷英大菜館」，也正是西餐館，同時，中菜在上海有時被稱作「小菜」，就像「燒幾隻小菜吃吃」，「某太太燒得一手交關好的小菜」，都指的是我們國粹佳肴。

可是，小菜這個名詞，在黃河流域的一些省份裡，又當作鹽醃醬漬的蔬菜的總稱，如醬黃瓜，醃蘿蔔，大頭菜，一律稱之曰「小菜兒」。

這裡我們要說的「大菜」，是指前些期談起過的酒席中的主菜。

大菜在質的方面應當是價值較高的，這只是原則之一，此外也還在於量的較多，和盛放的器皿較大。同時，和上菜的方式也有關係。

假如用小塘瓷盤盛著幾絲魚翅，小鋁碗盛這半碗燕窩，破粗盆盛著三兩條海參，同時擺在桌上，這樣一來，這些本是名貴酒席中的「大菜」，在觀瞻上，在感覺上，和小菜何異？

美食需要美器，同時需要餐桌上的氣氛，正如同紅花需要綠葉，同時需要美的花圃花壇一樣。過去酒席中「大菜」要附帶「燴碗」，也正是用以陪襯出大菜的「大」和「貴」。

如今，爲了切合實際，上期筆者已談過了燴碗改良可當大菜，現在想說的則是如何製造大菜的氣氛。

一般家庭宴客，如果只是三五人小酌，便餐小菜，只求精緻可口足矣，如果客人略多，菜式也不少，就絕對要把菜分組依序而上，先冷盤，次熱炒，接著是大菜。既曰大菜，就要有大菜的聲勢，不管盤中盛的什麼，一定要一道一道端出撤下，絕對不可一湧而上，三個四個的一齊擺在桌上。能夠造成這種氣勢，再有美器，青菜豆腐也無不可躋身於大菜之列的了。

現在讓我們假想，四冷盤過去了，炒蝦仁、炒腰花過去了，炸雙樣（魚和腐衣捲），香酥雞過去了，紅燒海參過去了，人的口胃已被油膩塡得差不多了，此時用同樣漂亮的大盤端上一個什錦豆腐，或者香菇菜心，豈不是會令人覺得它比蹄膀全鴨等還高雅合口？而且，假如多用點心思，把什錦湯汁等先盛在盤中，把白白的嫩豆腐擺在上面，襯上一朵紅蘿蔔切成的花，更會使人眼前一亮。

同樣的，碧綠的菜心也可以一棵棵的在盤中擺成花式，上面再擺上香菇，淋下原湯，便比一盤亂糟更有「大菜」的風度。

總之，在今天一切都要「新速實簡」的時候，宴客酒席早已不必墨守成規，只要略用慧思，粗糲也未嘗不可供作大菜的（過去談燕窩、海參、魚翅等，那都是「大菜」，故現在不再重複）。

梅花宴

目前一般三五口人的家庭，平常吃飯，很多都是三菜一湯，因之，各報紙雜誌上的三幾十元的「每日菜單」，差不多都照此調配。偶有客來，加一個菜，成爲四菜一湯，也還是極普通的家常便飯，若是存心邀三兩個朋友小聚，則略嫌「不成敬意」。

梅花是我們的國花，五菜一湯的梅花宴，曾是政府多少年來一直提倡的宴客之道。說實在的，它和四菜一湯雖只一菜之差，可是調配得宜，的確也有「席」的味道。

梅花宴是應當菜和湯同時上桌，而所用器皿，也要力求統一，才能給人以「梅花」觀感。因爲它不是「菜上五道」，所以它也就不宜於「酒過三巡」，只能每人一杯淡酒，喝完以吃飯爲主，才正合適。假如過於鬧酒，便會使主人有「無菜下飯」的尷尬，儘管也許每個菜都極豐富。

這五個菜在原則上，可以是一個冷盆，在李嘉興買點鹼水鴨和滷肫肝雙拼也好，家中冰箱裡有現成的滷牛肉，蒸火腿也好，甚至於拌個「沙拉」，或是什麼「拉皮」亦無不可。一個青鮮蔬菜，從最昂貴的炒豌豆苗到最便宜的炒甕菜、莧菜一概可以，一個是專下飯的味較濃鹹的一類的，如鹹魚紅燒肉、紅繞蹄膀、紅燒牛肉，或者是榨菜炒肉絲，辣椒豆豉炒肉丁等。其餘兩個才是主菜，應該用貴重點的材料，海味雞鴨魚蝦肝等等，其做法也無妨參照各種「大菜」，做得精緻或豪華點，就會使人覺得這五菜在數上雖然不多，但絕不寒酸。

作爲梅花中心的湯，量要足，內容也要比較豐富。整隻的清炖雞或清炖鴨只是製作省事，假如想要邀人稱讚，還要用些心思在求它和菜的配合上，反正，如果菜厚味的居多，湯則宜清新，如果菜量少覺得輕了些，則湯宜濃腴，什麼炖金銀蹄，炖肚條，甚至「全家福」，如時逢「已涼天氣」，砂鍋什錦，砂鍋魚頭亦無不可。

這梅花宴五個人吃可以，八個人吃也夠，用一兩百元可以配個差不多，用三五百元也行，假如爲了擺闊氣，菜裡有一個紅燒圓魚，湯再來個雞茸鮑片，千元也能用光。不過，既是梅花宴，就有「新速實簡」的意味在，過份的舖張，則不如照酒席體例，分道上菜，多多益善了。

假如平常假日家中打了兩桌小麻將，加上主婦小孩有十個人吃飯，無妨將「梅花」增加一瓣，變成「桃花」式的六菜一湯，而在正式的「湯」之外加碗清湯，所費不會太多，而在質、在量、在樣兒上也都過得去了。

十全十美

過去，烹飪名家黃媛珊女士曾爲「中華婦女」等雜誌寫過「每月一席」，這一席，都是按照時令配合，包括七八個菜。菜的質有的相當考究，所以，在形勢上、數量上，或者還不夠稱爲「宴席」，可是在花費上，並不一定能眞正節省，請上五七位朋友們在一塊吃吃，仍會使人有「便飯」之感。

現在，筆者願向想自己顯顯手藝，在家中宴客的主婦們提供點意見，就是把上次所談的「梅花宴」加添四個菜，分組上桌，形成宴席的「菜上幾道」，就可以成爲十全十美的一席，而且所費不會超過千兒八百元，假如調配適當，也許有六七百元就足用，但它並不比一般餐館中千元以上一席的差太多，因爲根據「四六飯館」之說，一千元的菜在他們只不過用六百元成本。而我們如在餐館中吃八百元一席，實質上只值四百八十元，如果外加捐稅，我們付出的至少要在千元以上了。

「十全十美」的家庭筵席，可以採取四冷盤，五大菜，一湯。這五大菜裡面可以包括一個甜菜。也可以採用兩冷盤（比如一盤雞絲拉皮、一盤薰魚、爆蝦、肫肝、鹹鴨等雙拼或三拼），兩熱炒（如炒蝦腰、炒鮮墨魚、炒雞絲、鴨片等），三大菜（可以是鮑魚、魚翅、海參、蟹粉、明蝦等等），兩道甜品（一湯一乾），然後是一道湯。和這湯的同時，家中的大頭菜、泡菜之類可以隨之而上，以幫助客人添半碗飯，泡泡湯。

關於這「十全十美」，我們無妨按照目前的時令，列個如下的菜單：

一、炒肉絲拉皮（以黃瓜絲，蛋皮絲爲配）。二、風鴨蛋皮雙拼。（風鴨是利用電冰箱製作的，做一隻大鴨可供三次之用。）三、炒雙魷（以鮮墨魚和發泡的乾魷魚都切成花紋的長方塊，分別以油炒熟，再混合勾牽汁即成）。四、炸蝦吐司（可配以龍蝦片）。五、三絲魚翅。六、香酥子母雞（中雞蒸熟，吹乾水氣，再炸酥，配點炸好的鵪蛋，也同時炸）。七、干貝奶湯黃瓜條。八、珍珠餅（這是甜菜，買現成豆沙餡，做爲厚厚的小圓餅，把糯米泡三四小時，以豆沙小餅沾裹糯米，像蒸珍珠丸子那樣蒸熟即可。）九、杏仁豆腐（是甜冷湯）。最後一道，十、是春捲，拌著綠豆稀飯。這些菜的用料，所費不會超過六七百元，加上油、鹽、煤氣等，也不過用千元左右，可是吃起來會覺得既夠派頭，又不俗膩，因爲這裡所配的菜，不是餐館中所常見的那些油油膩膩，灰灰烏烏的東西。

事事如意

咱們中國是禮儀之邦，人們說話，更是善頌善禱，從過年吃的菜對雞稱之曰「大吉大利」，對魚則稱之曰「年年有餘」，使筆者忽來靈感，想起了對菜過十五道的盛筵，何妨給它起個美麗的名稱，曰：「事事如意！」其實，「事」是「四」的諧音，四四一十六，如此而已。

在餐館中吃這種一共包括十六道菜肴的酒席，大概是兩三千元以下莫作妄想，若家庭宴客，調配得當，不超過千五，便很可以派派用場。

人的胃是有限度的，平常配飯，三五樣菜已足，就算鬧酒，吃過十道八道菜之後，即使面對佳肴，也會有心餘力絀之感。所以既想豪華的「四四如意」，對用料的只求美味，不求飽人，是很重要的。

假如一上來便一盤沙拉、一盤薰雞、一盤油酥核桃，然後紅燒蹄膀、八寶全鴨、大燴海參，這樣一來，菜不用上到一半，客人們一定都會喊「吃勿消」了。

比較合適的調配，四隻冷盤，應該力求清淡，一盤熗青蛤、一盤雞絲洋粉、一盤鹹水肫肝、一盤蔥酥鯽魚。絲要細，片要薄，量勿過多，只是吃的一個引子。

然後，「炒鴛鴦蝦仁」（清炒和加蕃茄醬者兩種拼成一盤）、「爆雙脆」、「炸腐衣春捲」，仍然是不膩不飽的小吃階段。

大菜登場，「桂花炒翅」，有魚翅名貴之實，而無各種魚翅的濃膩。「清湯燕窩」，這是菜之主角，清湯如水，一望如「玻璃」（四川茶館裡開水叫玻璃），是最名貴，也最不膩人。接著再來兩道比較味厚而略爲實在的「紙包雞」，「松鼠黃魚」或「西湖醋魚」，仍然不會使人過於脹飽。「清炒豆苗」或「雞茸蠶豆」，或「鮮菇菜心」，這一道都會令你有換口味，想大嚼之感。

甜菜：「高麗澄沙」，「炒芋泥」，「拔絲香蕉」都比「豆沙包子」，「腦髓捲」，「馬拉糕」等像樣。

甜湯：如逢過年或春節，可以用小元宵、核桃酪、杏仁奶茶等，如是炎夏，水菓羹、杏仁豆腐等比較應時當令。冰糖銀耳是名貴，但並不怎麼好吃，而且吃了那麼多東西入肚，也極不在乎這時的一「補」。（銀耳是補品）「糯米藕」和「冰糖蓮子」也是極好的搭擋。

甜品之後，無妨來道鹹點心，精緻的蒸餃或炸小春捲或燒賣都可，然後一道大湯，湊齊四四十六之數。

這樣吃下來，食量大的人不致於還要添飯，食量小的人也不會有所未嘗，四四如意，也正好讓人人如意。

中國菜

常有朋友開我的玩笑說：「妳的食譜，究竟算什麼地方的菜？不南不北不湖不廣，不川不揚」。

我說：「中國菜嘛。」

這說的是良心話，我所談的就是中國菜，它包括任何一省，任何一個地方。其實，目前的餐館，雖然標榜什麼「川味」、「粵菜」、「湘菜」、「山西餐廳」、「眞北平」等等，而所供應的菜肴，實在已經也是「天下一家」了。竹林餐廳的「糖醋魚」是北方做法（味並不地道），山西館中也有「宮保雞丁」。湖南酒席中會上一道「烤鴨」，以蘇浙口味爲名的小吃館，菜單上也有「痲婆豆腐」。事實如此，我的「談吃」又何嘗不可以發揚光大的自封「中國菜」呢。

同時，中國菜的馳名世界，並未嘗以那一省作代表，而我們請客時，也不一定會請的一桌子都是某一個地方的老鄉。所以，家庭宴客，配一桌「中國菜」，也許更會使人滿意，因爲那樣至少有一兩樣合他口味的。

現在讓我以千元爲度，來設想一張很豐盛的「中國菜」的菜單，它是：

四冷盤裡可以包括雲南的椒蔴雞，北平的肉絲拉皮，江蘇的鹽水熗蝦，福建的醬汁青蛤。

兩熱炒來一個四川的宮保雞丁，廣東的茄汁炒肱胱。

四個大菜裡是湖南的大燴海參，山東的燕窩奶羹，北平的松鼠黃魚，廣東的蒜子瑤柱。

湖北的珍珠丸子和雲南的鍋貼烏魚可算作兩道鹹點心，因爲它們一個是糯米爲主，一個是麵包爲主，具備點心之實。

甜湯冰糖銀耳屬於川湘，拔絲香蕉純粹北派。

最後大湯「醃篤鮮」是上海口音的叫法，家鄉肉，火腿和鮮肉都可以。

四川泡菜，湖南辣蘿蔔干，北方拌豆腐，山西的雪裡紅醃黃豆等小菜隨湯而上，以之配飯佐粥，這樣一來，不論是哪省人，都會覺得這位主廚的主婦，是很懂人口味，體貼客人需要的。

這張菜單中說明的山東燕窩奶羹一項，是筆者特別杜撰名稱，它是在會賓樓、悅賓樓等大的山東館中燕菜席裡的主菜。做法是把燕窩切成碎丁，成湯勾濃汁，上撒火腿屑，它就代表「燕菜」，不過比清湯官燕省原料多多。

西菜中吃

三十多年前，天津的永安飯店，以「中菜西吃」爲號召，當時很吸引一般老饕。其形式全用西餐排場，只不過捨刀叉而用箸匙，菜最多不過十道，每人一份，湯在最後。當時的人認爲這是又衛生，又新穎的宴客之道。

儘管時代是進步的，可是我們古老的大中國，既以吃聞名世界，吃的傳統，畢竟有極大的威力，「中菜西吃」始終未能倡行於全國。今天，自助餐雖有用純中式菜肴者，但一般吃的人，多感覺到把各式各味的菜混爲一盤，吃起來並不夠味。記得有一次筆者參加這樣的宴會，手裡持的一個九寸盤，而盤中已經是「糖醋魚」、「海米白菜」、「咖哩雞」、「紅燒蹄膀」各種濃、淡、酸、辛，混淆一團了，面對著那香甜的八寶飯，正躊躇著不知該如何取食，殷勤的主人當機立斷的給舀上了一大匙，堆在「紅燒蹄膀」之旁，結果是八寶飯沾了肉汁既甜且鹹，蹄膀上抹著豆沙，吃之也成異味。

同時，自助餐宴客，不是爲了省時，就是爲了人數問題，做主人的總也有不夠隆重之感。

「吃西餐」是很多愛時髦的人所喜好的，一個主婦如果能做「西菜」，似乎也很有點兒了不起，其實，西菜比中菜簡單得多，尤其是三菜一湯已算盛筵，自己做起來，省錢省事，只不過一般家庭裡缺少盤碟刀叉的設備而已。

於是，筆者忽然又有靈感，要發明「西菜中吃」。

桌仍然是圓桌，用具仍然是雙箸，——其實，筷子在我們手中是萬能的——僅將面前的小碟換成大型即可。

西菜的「冷皿」和中式冷盤差不了多少，滷一條牛舌，把白煮蛋對剖爲二，每半上面加點沙拉醬拌芹菜末，再切些蕃茄片，把這擺在大盤中（擺的花式可盡力求美觀）上桌，然後每人各取所需，放在自己面前盤內。（一般西方家中用餐，也正是這種方式）。

第二道「炸魚」，買新鮮鯧魚或鱖魚，大塊旗魚肉也未嘗不可，反正是切片後用鹽及少量胡椒粉略醃片刻，沾上稀薄的雞蛋麵糊，沾上麵包屑，炸成金黃即可，盤的旁邊可以配生菜葉、菠蘿片等。

第三道「烤雞與通心粉」。如果家中有烤箱，自烤不難，如果沒有烤箱，則無妨向一般賣「電烤雞」的店裡訂購，十二人購三隻雞，每雞切四件。通心粉可改烤爲燴，有點肉絲、火腿絲、洋蔥、胡蘿蔔等作配已很豐富。燴通心粉的方法和中菜做法差不多。通心粉先用清水煮熟，再把肉絲等用豬油或黃油炒後，加牛奶、麵粉煮成濃濃白汁，兩樣混合略煮即可。

「羅宋湯」或「雞茸鮑魚湯」，可先上，也無妨後上，主食用吐司，有瓶辣醬油，有塊黃油，有盤果醬，再買上個「櫻桃派」（西點店可訂做），煮壺咖啡，這樣「中吃的西餐」，又何遜於各餐館中八十元起碼一客的？

談自助餐

自助餐原該屬於「洋料理」，不過，在吃的方面，我們素不落人後，近十年來，中式餐館，也一樣有所供應了。記得曾吃過某名廚的「外燴」，據說價值是二百五十元一客，其「貴」眞是名副其實的。

一般家庭中宴客，如果是採用「自助餐」，往往是客人人數不上不下——如十六七位兩桌不滿，一桌太多，或是客人人數太多，地方較小，排桌排椅不易安置，但，同時多多少少也包含著省事，簡便的用意在內。

所以，「自助餐」如果過份「豪華」，則未免略有錢用的不是地方之嫌。

主婦們如果自做自助餐，調配得當，每客打五六十元的預算，已夠豐富。菜式可包括雞、鴨、魚、肉、菜、蛋、湯、點。

因為「自助餐」是以盤取菜，所以濃汁大湯的菜應避免，整個的「全魚」、「全雞」等也不適宜，比較合適的菜單，下列數種，可能還有參考價值。

其一：①滷蛋滷雞翅膀，蛋對剖，以免吃者嫌過量。②糖醋瓦塊魚，鯉魚最佳，以每人一塊計算。③紅燒排骨肉。④咖哩雞塊。⑤炒青菜。⑥豆沙糯米小餅，這比八寶飯好，以免它在盤中會甜鹹混淆也。主食以白飯為宜，因為把咖哩雞澆在飯上，是很配合的。至於湯，濃淡葷素均可，反正它是另碗盛放。此外，有點辣椒醬、醬瓜、鹹蘿蔔之屬，隨客取用，以增加中式風味。

其二：①糖醋小排骨。②樟茶鴨子。③紅燒瓦塊魚。④荷葉粉蒸雞。⑤炒青菜。⑥炸湯糰。主食用炒飯、炒麵，有花捲為配也可，因樟茶鴨配饅頭之類風味極佳。附各種小菜如上。

其三：①鐵鍋漲蛋切塊。②煙燻鯧魚。③醬汁肉塊或紅腐乳肉塊。④炸雞腿。⑤炒時鮮蔬菜。⑥糯米甜藕。主食也以白飯為宜，湯不拘，有泡菜更好。

如果預算打為八十元以上，則可以添「乾烤明蝦」、「麵拖青蟹」、「炸蝦球」、「軟炸肫肝」、「炒櫻桃」（即炒田雞腿）等，同時素蔬之類的菜也可再加一個。一般的情形，女性多喜歡吃青菜小炒之類，看客人的情形，來配菜單，是很重要的。

此外，炸春捲、蒸餃、包子、燒賣等也都是「自助餐」中的好配搭。

再就是凡屬「燴」、「熬」、「煮」等半流汁的，以及爆炒要趁熱吃的，也不宜於「自助餐」。假如菜單如下：「三絲燴魚翅」、「蝦仁鍋巴」、「清蒸鯧魚」、「炒牛肉片」、「爆雙脆」、「炒芋泥」，那客人的這一盤子裡就成了大雜燴了，而牛肉因冷而韌，雙脆也都脆不起來，任菜本身再好，吃的人也會胃口倒盡。

中秋談餅

中秋吃月餅，爲的是同心協力殺韃子，這是人盡皆知的故事。根據這種傳說，儘管現在月餅擺滿街，好像它只是糕餅店的專利品，其實，最早它還是從「家庭自製」發展而來。

過去在故鄉，一般的中上階級的大家庭，所有應節食品，無不自行製作，只有如此才烘托出過節的氣氛。如果爲了省事上街買現成的，那就「小家子」氣了。

筆者出身在那種「忠厚傳家，詩書繼世」的大門之內，自幼至長，吃慣家中自製的一切應節食品，尤其是中秋月餅，我們家的製品，在鄉里親朋之間相當有名的，每逢這團圓節，前三五天就加工趕製，做上兩三百隻團圓餅，十分之八九用於送禮上。當時「某家的鵝油棗泥餅」在口碑上，簡直不下於現在普通的「棗泥欖仁」。

目前市上所售月餅，廣式、蘇式、翻毛、提漿，在種類上很夠齊全，各種餡兒，也有很不錯的，唯獨「棗泥」，卻總似是而非。臺灣不產棗子，物稀價貴，製餅者捨不得用眞材實料，應該是主要原因，可是，前幾天偶然和一家熟識的麵包店老板談起，才知道他們用的是薰過的黑棗，原來是如此的「差之毫厘」。

棗泥的原料，必須是紅棗。用水泡幾小時，泡得棗身脹潤，才容易清洗。洗淨後煮透熟，煮棗不要過多的水，以免棗湯用之無處，棄之可惜。一般的方法，是把煮棗過篩，搓去皮核，但這種棗泥內仍會有細小皮屑，而過篩時要用水沖，棗泥經水，雖再沉澱，也失去原味不少，所以我家祖傳，是純「手工藝」，要把棗一個個剝皮去核。剝棗雖是極費事的細緻活，好在那時坐在上房裡的太太、少奶、小姐們反正無事做，洗淨玉手，一天也剝個三五斤。剝好的棗肉加糖用豬油炒拌，就是眞正的純棗泥。

以這種純棗泥加點核桃仁做餡，用鵝油起酥的麵爲皮，烘成了雪白的翻毛月餅，其味之甘美，是我離家後未再嘗過的。

餅皮的做法是以三分油七分水和成的麵，加上純油和成的酥麵重疊壓成，這方法已有很多食譜寫過。和麵粉一般都用豬油，其實用素油，用雞油都可，只是素油、雞油色黃，會影響餅的其白如雪。而鵝油沒有豬油的油腥味，這是我家採用的原因。

今天，在這無棗之地若做純棗泥，當然是所費不貲，可是如果以百分之四十的熟紅心蕃薯肉，再以一半砂糖，一半麥芽糖，這樣炒出的棗泥，當比黑棗攙烏豆沙的棗泥，高明多多。這一點，是今天談餅主要的目的，也是願向想做棗泥餅的夫人們提供的。

好吃最是家常飯

我鄉有兩句俗話：「好吃最是家常飯，好穿最是粗布衣。」時至今日，在好洗快乾免燙的各種各色的「龍」充斥市面的情況之下，後邊的一句，早已不推自翻，可是，前邊的一句呢？是不是仍舊有人認爲它是「至理名言」？據我猜想，一般經常吃公共伙食團，或者打遊擊吃小飯館的人們，一定都還承認它對極的。

家常飯的好吃，一則由於它是時常變化花樣，像我們北人，今天是餃子，明天是烙餅，後天是麵條，不使人覺得俗膩。再則是因爲它烹製認眞，不是「虛應故事」，只求「徒有其表」。三則是家常飯菜的用料，不會是過油過膩的肥雞大肉，而多是時鮮菜蔬。

說到這兒，忽然想起上面所說：「虛應故事」和「徒有其表」兩句，如果不加以申引，可能有人會覺得筆者「辭不達意」，這裡，只好以淺顯的事實說明：常見一般飯館中炒菜，用料往往不分先後，一齊下鍋，只仗著火大鍋熱，就那麼炒炒了事（眞是草草了事），在菜出鍋之前，澆上明油，使這盤東西看起來油光十足，很像一回事，可是吃到口中就滋味毫無。

目前一般家庭中以米爲主食，一鍋滾熱而香噴噴的大米飯，當然也會是千日如一，但，它的變換是在配飯的菜肴，所謂「家常」，就是不拘形式，它絕對不會是刻板的四菜一湯，午晚全同，今明不變的。

家常菜飯需要的是多有變換，以有限的菜金，既要顧到適口下飯，又要顧到營養價值，這常是使主婦們萬分頭痛的事情。這裡筆者一時靈感，忽然想到無妨來個一週菜單，以供入廚人們的參考。菜單如下：

週一，中午：蘿菜清湯、紅燒魚、炒南瓜、涼拌黃豆芽。晚餐：黃豆芽排骨湯、肉丁炒豆乾豆豉、炒蘿菜梗、炒蛋。

週二，中午：榨菜炒肉絲、醋溜包心菜、涼拌蘿蔔絲、蒸蛋糕。晚餐：肉片紅燒茄子、乾煎黃魚、炒韮苗（中午如剩有炒肉絲，可以加在一起）、開洋蘿蔔湯。

週三，中午：肉片爛四季豆、炒洋芋絲、蔥炒魚補、菠菜清湯。晚餐：茭白炒肉絲、青椒炒豆乾、砂鍋魚頭。

週四，中午：肉末紅燒豆腐、炒青菜、蛋湯。晚餐：紅燒肉（加竹筍和麵筋）、涼拌黃瓜、炒青菜、蕃茄湯。

週五，中午：白菜豆腐粉絲雜燴（前晚剩餘紅燒肉及湯和入）、蘿蔔乾末炒蛋。晚餐：肉絲炒芹菜、炒綠豆芽、乾燒小黃魚、蕃茄蛋湯。

週六，中午：營養菜飯（肉丁、胡蘿蔔丁、青菜、豌豆等略炒，和飯一齊燜之）、醬瓜（鹹菜）、開洋白菜絲湯。晚餐：清燉獅子頭、炒莧菜、蝦米紫菜清湯。

星期天可以加菜吃雞吃蝦，也可以吃吃麵食。以上的菜單，每天有五六十元到七十元足夠，是四五口人家合理的負擔支出。

四季豆

上星期從「好吃最是家常菜」說起，結尾向讀者提供了一張簡單的家常菜單，才發現家常所常吃，實在是蔬菜爲主，過去「談吃」一直在和雞鴨魚蝦，葷腥油膩打轉，實在是不太切合實際，所以筆者打算今後多談些豆、茄、菜、瓜。

四季豆本省的名字叫敏豆，在菜場上是一年之中不下市的。它本身的營養成份很高，蛋白、鈣、磷、鐵質、維他命ＡＢＣ一樣不缺，洗切容易，廢棄部份很少，可以說是主廚人的恩物。

最平常的吃法，就是以油鹽清炒，可是它不太容易入味，四川人常把不聽人勸，不服人管，個性倔強的孩子叫做「四季豆」，意思就是它「不進油鹽」。

四季豆炒肉絲，如果要肉絲嫩，而眞正是「炒」，則四季豆一定要切絲，用滾水焓過，炒來才能配合。

四季豆燜肉片，這是北平人最愛吃的一種做法。四季豆本身僅撕去兩端，從中折斷即可。把肉片先以油煸炒，隨即就把四季豆加入，煸炒四季豆變色，加鹽及醬油，也可略加清水，然後蓋鍋以普通火候燜煮，煮到湯乾豆身縮皺，略加翻炒，即可出鍋。這個菜主要的要油略多。在炒肉片之先，把蒜頭入油爆香，比用蔥薑好吃。起鍋之前喜歡吃甜的人，無妨加些糖。這是個味濃宜下飯的菜。

乾煸四季豆，這是四川名菜，做法把四季豆只撕去兩端和筋路，然後整條的以大量的油炸過，炸到豆身縮皺撈起備用。另起油鍋，炒肉末及蔥薑米，辣椒碎丁等，把四季豆加入，入鹽調味，煸炒三數分鐘，略加醬油，再把醬油炒乾，即成。它是下酒配飯兩宜的。

四季豆切丁，可以和胡蘿蔔、豆腐干、肉丁等同炒，喜辣的加些辣椒，也很下飯。

四季豆切絲，用滾水煮過，可以用以涼拌粉絲。

在四季豆燜肉片上蓋上一層粗條的自家擀趕壓的刀切麵條，然後蓋緊鍋蓋，就利用燜四季豆的湯汁，把麵條也半燜半煮，等到湯乾豆熟，開鍋把麵條和豆拌勻，這種「扁豆麵」比炒麵還好吃，是河南人常吃的「連飯帶菜一鍋出」。同時，這肉片無妨切成粗條的肉絲。

江浙人的豬油菜飯是以青菜做的，日本人卻會把四季豆切丁，胡蘿蔔丁、瘦肉丁和米同煮，用鹽調味，煮成一鍋不太油膩，香糯可口的菜飯。

四季豆用滾水煮過，剁細碎，拌肉餡，可以做水餃、蒸餃、包子。這種「扁豆餡」是北方夏秋之間最常吃的。

四季豆可以隨便怎麼吃都可，但是只有一次，筆者在一個人家吃四季豆素炒洋芋（馬鈴薯），一是條，一個是塊，一生脆，一個已爛，真是怎麼吃也不是味的。

豇豆・扁豆・毛豆

作爲蔬菜用的豆類，除了四季豆之外還有豇豆、扁豆、毛豆等。豇豆又名菜豆，長長的一條條的其色碧綠。扁豆是扁扁的大薄片，色潤青紫。毛豆莢上毛茸茸的，不過吃僅是其豆粒。

豇豆的吃法和四季豆差不多，可以燜肉，可以乾煸，可以煮過剁碎作餡。只是在涼拌一項之下，四季豆可以拌粉絲，而豇豆則清拌爲宜。

用較嫩的豇豆，以滾水煮過，切成寸來長的小段，趁熱先灑上鹽花使其入味，等涼透，再澆上醬油、蔴油、醋和成的三合油，如另加蒜泥可以特別提味，加辣椒油亦無不可，但絕對不宜配蔥花，能加芝蔴醬更好。夏天以之配「水飯」或稀飯，清鮮爽口。

除了以上這些吃法、做法外，把豇豆晒成乾豆條，是北方人常儲以過冬的，乾豇豆紅燒肉，其味極美。不過，在臺灣蔬菜如樹木，多是四季常青，晒乾菜之舉，實在沒有必要。

豇豆加入泡菜罈裡，然後再用這泡好的豇豆切碎炒肉末，同時加些泡辣椒，味兒又鮮，又酸，又辣，很是下飯。

扁豆本身的味兒有點兒麻嘴，素炒不太好吃，但如果把它切絲後以滾水略煮，然後再炒肉絲，則嫩、腴適口。

因爲扁豆是薄而大，我鄉又把它叫作豬耳朵。「炸豬耳朵」是筆者幼時很愛吃的一個菜。做的方法是把扁豆撕去兩邊上筋絡，先用滾水焓過，等涼透，在豆莢中夾上一層薄薄的肉餡，然後把這夾餡的扁豆一個個沾裹上一層麵糊，入油鍋中炸成金黃色。起鍋後再蘸花椒鹽吃。這種「軟炸」吃法，多是宜於空口吃而不下飯。大人以它佐酒，小孩子則是邊吃邊玩，說起來是種很費事而又不經濟的吃法，不合乎「家常」的原則。

毛豆紅燒肉是南京人極愛吃的，他們叫作「毛豆混肉」。毛豆本身是十八配，炒肉丁、炒蝦仁、炒雞塊、炒豆乾，任何一種都可以用它作配料，葷菜用它之處很多，做素菜更不可少，像素炒雪裡紅和荀絲加幾粒嫩毛豆很鮮美提味，素燒茄子加毛豆也份外好吃。「素菜之家」裡的各式菜肴，什麼炒四寶也好，炒什錦也好，總都有青青的毛豆點綴其間。可是就有一樣，假如只用毛豆粒清炒，則會怎麼樣也覺得不像一個菜。

但是，把毛豆不剝莢，整個的以花椒、八角、鹽水煮熟，是我鄉過中秋節那天的必備食品。還有，把毛豆帶莢煮熟，剪去毛莢兩端，再澆上三合油，則又是一盤很不錯的素肴，喝酒的人一邊自吃自行剝莢，另有一種風味。

豆中雙鮮

筆者是出名的笨伯，「機靈便兒」極差，抓住個問題，就會盯牢了死啃，最近，在談吃裡算和「豆」幹上了。

豆中雙鮮者指的是嫩豌豆和嫩蠶豆是也。

嫩豌豆粒粒碧珠，鮮美可口，絕不是徒託空言。不過，它還需要有好搭配，「雞茸豌豆」，做法和雞茸黍米同，要好雞湯，否則不夠鮮甜。「雞丁炒豌豆」，「或雞絲燴豌豆」，最好用雞油炒，豬油亦可，若用素油，就比較差勁。雞改爲豬裡脊肉亦可，但丁要切得小，絲要切得細，否則在觀瞻上會帶累的那顆顆的翡翠小珠珠「花容失色」。總之，這是個細緻菜，若是素炒上大碗大碗的豌豆，倒不必用嫩豆，大顆粒的豆不更實惠些。

普通的青豌豆，則是和毛豆一樣的十八配，炒什麼都可以加上幾粒，青豌豆和嫩玉蜀黍豆粒同炒，加火腿丁兒，等於翡翠，白玉炒珊瑚，色調極美，下酒下飯兩宜。

火腿蛋炒飯加上幾粒豌豆，是廣式辦法，西餐中什錦炒飯亦復如此。老了的豌豆，煮透，濾去豆皮，炒成豆沙，和赤豆的豆沙配成「炒雙泥」，紫碧相映，是道好甜菜。只是，這只能讚以「甘蔗老來甜」，年華一過，已不成「鮮」。

嫩蠶豆比嫩豌豆還綠得可愛，吃法大致和豌豆相同。過去在北方，嫩蠶豆瓣兒加好雞湯燴鮮蘑菇片兒，是有名的「素燴雙鮮」，如今，洋菇充斥市場，素燴雙鮮已算不得什麼高貴的名菜了。嫩蠶豆燴肚條，加上幾片胡蘿蔔切的花片，是道好吃好看的家常宴客的好菜。當然肚條是用煮得透熟的豬肚切的，燴時另用高湯（煮豬肚的湯有臟腥味兒），如求湯濃，可加點兒奶粉和太白粉，「奶湯」是很合適於蠶豆的。

「奶湯干貝蠶豆」，也是以嫩蠶豆燴發泡好的干貝，此菜本身具白、黃、綠三色，加點火腿屑，格外悅目。

「人老珠黃」，蠶豆老了卻是由碧而白。大粒的蠶豆，吃法也很多。

「雪菜蠶豆泥」是寧波菜，蠶豆先剝成豆瓣，煱煮透爛，再炒以雪菜屑，白綠相映，十分下飯。

「豆瓣酸菜湯」，不必加葷腥，蠶豆本身即夠鮮。

「五香蠶豆」，是把蠶豆連皮炒煮，煮時加點花椒、八角之類的香料，是下酒佳品，江浙人家中餐桌上常見此肴。

街邊上賣的「蘭花豆」，即是老蠶豆炸成，這雖已距以「鮮」形容的嫩蠶豆甚遠，可是，若比起北方當零食吃的「鐵蠶豆」來，還可以使人聯想，因爲口中嚼著其堅如鐵的「咯崩豆兒」，實在沒法子想到它的青春時代曾是那麼「鮮嫩欲滴」也。

冬瓜・絲瓜・老窩瓜

記得有這麼一句俗語：「種瓜得瓜，種豆得豆」，既然一連氣兒談了好幾次豆，理所當然的現在該輪到了瓜。

冬瓜在菜蔬中是極有地位的，一提到它，大家首先就會想到粵菜品名「冬瓜盅」來整個的冬瓜去瓤而實以各種珍貴的葷腥海味，蒸透上桌，看起來夠意思，吃起來也鮮甜可口，只是，那實在是吃的干貝、火腿、雞丁、冬菇、鮮筍的大薈萃，而並不是冬瓜本身了。

北方人常吃的「釀冬瓜」，是小嫩冬瓜裡裝肉餡兒，意思和「冬瓜盅」類似，也是肉餡喧賓奪主。「火腿冬瓜夾」，火腿片如果能切得極薄，冬瓜片也切得極勻，排在盤中加點豬油蒸透，半湯半菜，倒是十分清鮮。如果不用蒸而炖湯，則冬瓜夾一定用牙籤穿成串後再煮，直到盛入碗中時，把牙籤抽去，使瓜夾漂在湯上，否則一定會煮成「火腿片炖冬瓜片」。

只有「冬瓜蓉湯」看起來是純冬瓜。把瓜用細擦子擦成蓉，用清雞湯滾煮，盛到碗中，只見是半透明的濃濃液體，不見油星，但入口卻鮮美無比。但假如沒有雞湯，只以白水煮成，雖加味精，也不夠味兒。

所以，總而言之，統而言之，冬瓜如趨炎附勢的小人，離開權貴，它本身就沒什麼可取了。如不信，請以素油炒冬瓜，清水炖冬瓜，要能好吃才怪。

絲瓜和冬瓜恰相反，嫩絲瓜本身有種清甜之味，素炒素煮都比加肉好吃。有人以開洋炒絲瓜，實在是並不比不加這蝦米來得可口。炒絲瓜容易出湯，所以炒不如燴。絲瓜湯本身略濃而色白，所以，加點奶成爲奶湯，更爲相得益彰。本省人以絲瓜湯煮「麵線」，瓜淺綠，麵潔白，看著舒服，吃著也頗不錯。

「老窩瓜」是北平土詞兒，大概和南瓜、北瓜、金瓜是「四合一」。爲什麼它有如此多的名稱，沒法考證。它的吃法，也許還不如名字來得多。

炒老窩瓜得鹹甜相配的佳味，但只宜空口啖之，並不下飯，老窩瓜做湯，還沒聽說過。不過，老窩瓜片先以油煸炒後放湯，然後再煮麵片兒，煮成濃稠一鍋，倒是北方人冬天吃了取暖的家常吃食。

四川人把老窩瓜切小塊和紅豆煮成濃粥，吃時加蔥花、豬油和鹽，別省人未必愛吃，但若和入白糖，倒也是不錯的「點心」。

本省人把老窩瓜和米煮成鹹飯，又把它和米漿蒸成年糕，兩者都還好吃。老窩瓜擦成絲，調入適量麵粉，加糖或鹽，用油煎成「塌餅」，比「麅塌子」另有不同風味，但它可作主食，而不能算是「菜」了。

冬天的恩物——大白菜

一連幾個大冷天兒，令人有了冬之感。於是想起了北國冬天裡人們每餐不離的蔬菜——大白菜來。

在北平人的口裡，管大白菜又叫「黃芽白」，但絕不叫它「黃芽菜」。這種菜不是一年四季都有，秋深上市，經霜入窖藏過的，才眞正好吃。

過去在北方，平常人家買別的菜，多是現吃現買，唯獨買大白菜則不如此。只要是稍微能存隔宿糧的家庭，到了冬季，往往是成挑子或成車子的購買，一則這種賣主是鄉間種菜者，賣價便宜，二則是貨好，絕對不會有灑水壓稱等事，三則是大批的買吃著方便。關於這，魯迅老兒曾在一篇小說裡提到過，那是他描寫一個窮文人，想寫稿子，靈感左也不來，右也不來，於是只有望著桌子下面堆成A字的大白菜發呆。

大白菜在桌子底下堆成A字，這正是筆者幼年冬天在家中常見的景象。因爲這菜怕凍，不能放在無人住的空而冷的廚房裡，所以只有正房中桌子底下是它的好去處。不過，今天在這裡談這些，都已是「唐朝古畫」了。

大白菜好吃，耐吃（常吃不厭），可是吃法並不多，記得曾見一淸寒之家，每餐都是熬白菜（連湯帶菜），後聽說明，才知道：「前兒個是香油醬熬，昨兒個是豬油蝦米熬，今兒個是熬白菜羊肉煨氽，別瞧那樣兒都是一種，味兒可不同哪。」由於這，也可見不管怎樣，大白菜是宜「熬」，不宜其他。

「白菜炒肉絲」，以南方做法的「爛糊肉絲」爲佳，因任怎麼巧手，炒白菜沒法不出湯，湯水淋漓的炒菜，加粉勾汁，是遮醜之法。

「醋溜白菜」，講究的是既不用老幫，（菜莖皮也）也不用嫩菜心，選取適宜的菜莖部份，用刀片成不規則的薄片，旺火大油，速炒速成，炒出的才脆嫩可口，加糖、加醋，或先加花椒炸油取其香，或和辣椒同炒求其辣，那是隨各人口味的。有的人家把白菜連葉一同切成長方塊炒，是家常做法，在色、香、味上，遠遜於純菜莖片兒。

「釀白菜」是半棵白菜，層層鑲以肉餡，以前在「有餡兒的菜」裡已談過。

「栗子燒白菜」，比較算是白菜的貴族吃法。記得在三十四五年前，筆者初到西安，請幾位在戰幹四團受訓的朋友吃飯，那些吃槓子饃吃饞了的人，你點紅燒肉，他點清炖雞，卻有一位點了栗子燒白菜，當時筆者就感到公子哥兒出身的人，畢竟會吃。其實，在大西北，栗子還不是稀罕物，今天在臺灣，吃這個菜，才眞是「蔬比肉貴」呢。

燒白菜的「燒」字很重要，這就是說明了把切好的菜先「過油」，過油像炸而不要炸成焦黃，被炸的只要有八分熟即可。過了油的白菜和栗子一同入鍋，加醬油滾煮，煮到只見油而不見湯汁，才算夠火候。

「清蒸白菜」，注意的是「清」字，每棵菜只取菜葉部份，三棵一刀切下的菜葉頭，仰天擺在大海碗中成品字，每棵中央隨意擺點干貝絲、大海米、香菇、火腿片等點綴點綴，加多半碗清雞湯，調好鹽味，在籠裡蒸透，原碗上桌，望之似「清水白蓮」，吃之清鮮無倫。假如沒雞湯代以水，菜再只有一棵切成三段，則形或似，而味絕非了。

如意菜——黃豆芽

把黃豆芽叫做如意菜，好像是並不只是我鄉如此。這種好聽的名稱，大概是一則因爲黃豆芽是過年時候，做「十香菜」的主要用料，這麼叫借取吉利之意，二則因爲黃豆芽的樣子十分像一柄如意。

且不管它的名稱俗也罷，雅也罷，它在蔬菜之中，營養成份是很高的。過去在大陸上味精之類尚不普遍，吃素的人多用黃豆芽熬湯，以代雞湯。

說起這，又有故事好講了。在張恨水的章回小說「春明外史」中有一段，是諷刺一個附庸風雅的人，說他家中喝茶必用雪水，吃素的麵味兒比葷麵還鮮，一天他請客品嘗他家的拿手傑作豆芽湯麵，其實是他從外面叫來的肉骨湯麵，不過是撿去肉屑，換個精緻的碗而已。

還有一則，也是小說裡寫著的，是說一個善拍馬之人，宴請一些闊太太，嬌小姐們，他知她們已吃膩山珍海味，乃獨出心裁的做幾個精緻小菜，其中一味「雞泥芽菜」，就是選用最粗的黃豆芽，用針洞穿芽身灌入雞肉泥，然後以雞湯煨煮。看以上這兩段「書中記載」時，筆者還是娃娃，當時很信以爲眞，認爲豆芽湯和肉湯味兒一樣鮮美，「雞泥芽菜」一定也十分好吃。到今天，對這故事雖然記得清楚，但也清楚的知道了根本不可能有這回事，再巧的廚師，也無法把它灌以雞泥，而豆芽湯味鮮倒是鮮，但絕非肉類之味。

豆芽排骨湯，加海帶絲或加蕃茄，都很可口，而且可以一鍋做出一湯一菜，那就是臨上桌時，把湯中的豆芽、海帶等撈出，加醬油、蔴油、醋，涼拌了吃，這樣湯的味就會特別濃，因爲用料多。

炒黃豆芽，如果考究點，應該先把它放在乾鍋裡煸淨了所含水份，然後再起油鍋炒之，這樣吃起來又香，又韌，如果加點辣椒同炒，再鹽味重些，是十分下飯的。

「肉片燜黃豆芽」，燜之一字，就是說明了要火候，不是爆炒的速成。這肉片無妨連皮，肉片似紅燒肉，豆芽也既腴且鮮。

我鄉在冬天常吃的「豆芽鹹湯」，和一般的「湯」不同。這種湯是先把黃豆芽以豬油煸透，煸時加蔥和花椒、八角少許，然後加水滾煮，在起鍋之前，和入麵粉糊，使之成爲白色濃湯。每人一碗，以之泡饅首，再有點好醬菜爲配，吃起來既暖又飽。不過，它對吃「飯」的主兒，卻不適宜，因爲「鹹湯」、「鹹黏粥」都是北佬的土吃也。

掐菜——銀芽

在一本衛生教育委員會編印「食物與營養」書裡，緊挨著黃豆芽的是「綠豆芳」。乍看之下，想不出綠豆芳者究竟是什麼菜蔬，等用了一下腦子之後，才恍然大悟，綠豆芳這三個字，一定是綠豆芽的錯誤化身。

綠豆芽在營養成份上比黃豆芽差得多，可是一般人對它的喜好，卻並不比對黃豆芽少，有時還認爲缺少了它就不夠意思，像吃炸醬的麵碼兒，像吃春餅的炒和菜，沒有綠豆芽成嗎？

綠豆芽在北平人的嘴裡不叫它這「學名」。全鬚全尾的，也就是由綠豆泡成芽就賣的，都叫它「豆芽菜」，另一種加過工的，就把「芽」和「根」都掐了去，只剩莖部的則叫「掐菜」。這掐菜大概也就是有的食譜上所常寫的銀芽了。

就營養上說，豆類含有的蛋白質、鈣、磷、鐵，以及維他命A、B、C等經水泡發芽之後仍然存在胚芽部份，如果掐去只食中段，是極不合算的。可是我們這講究吃的民族，卻多以爲不如此不夠精緻，連根帶鬚的吃綠豆芽，只有又窮又省的人家才那麼「吃東西沒個講究」。

綠豆芽本身沒什麼好吃的味道，炒得好頂多是爽脆，以之下飯，不太對味，以之捲餅，是北方人的「成規」。這大概是因爲餅的本身有股子韌勁兒，捲上爽脆的綠豆芽，有「中和」作用。

清炒掐菜，北方人多是先用花椒粒把油炸香，炒時加適量的醋，炒成之後眞是一盤鮮亮的脆銀絲。如以之和豆干絲，或者韮菜同炒，則免醋。不過，絕不可加醬油，如加醬油，炒出來顏色就不漂亮了。

炒和菜，是把它和肉絲、粉絲、韮黃、豆干絲、木耳絲、菠菜莖等同炒，是吃春餅的主菜。講究的炒法是各種東西先分別以旺火熱油炒熟（粉絲是滾水煮過的），然後再混合一處，略加醬油收味。偷懶的辦法就是先把肉絲下鍋，接著把所有一切加入混炒，於是，豆芽、韮黃都炒出湯了，雖然有粉絲可以吸收一部份，但結果仍免不了湯汁淋漓，爛糊一盤。現在一般北方館子的「和菜」就是這麼「矇事」，捲起餅來，弄得餅也泡糟了，菜也不是味。

有的食譜上載有「銀芽炒蛋」，這在我這北佬的觀念裡，認爲是荒謬絕倫，綠豆芽炒雞蛋，左想右想也想不出是怎麼個炒法來，試了一次，結果是蛋炒老，銀芽仍有豆生味，而且是炒蛋裡有了湯汁，不成個菜樣。

有的食譜裡寫的「火腿銀芽」，是選銀芽之粗者，把瘦火腿肉切細絲，貫穿入內，然後炒之。看起來這似乎是個很精細的菜，試驗起來，才知它可能性小，火腿絲不會似鐵絲，而豆芽本身又非中空，想一根根穿好，大非易事，而且，即使如此做了，味兒也不見得就比火腿絲炒豆芽好過多少，費時費事，何苦來哉。

總之，綠豆芽不是個能入席面的高貴菜，家常吃吃，吃的花樣也並不多，今天談它，也是沒話找話，總算又「談吃」一番而已。

大蘿蔔

一般人都開玩笑的叫南京人「大蘿蔔」，問其原因，說是因爲南京出產的蘿蔔既大且美，可是筆者搜索記憶，好像並沒這麼回事，倒是今天臺灣的蘿蔔，頗堪當此美譽。

住過北平或天津的人，一定心裡會承認這兩個地方才是眞正產好蘿蔔。北平的蘿蔔好在種類多，像今天臺灣菜市上這種白蘿蔔，那兒叫做「象牙白」，是專供「菜用」的，另外一種皮作淺粉紅色的，叫「變蘿蔔」，也只能熬炒。另外綠皮紅肉的「心裡美」又甜又脆，是水果的代用品，像拇樣大小紅皮白肉頂著幾片綠纓的叫「小水蘿蔔」，是可生吃，又可汆湯，還有和小水蘿蔔品質相像作小圓球狀的「蘿蔔球」，是拍碎糖醋醃拌的專利品。天津的蘿蔔只有一種，表面碧綠，生吃稍辣而脆，比甜味的「心裡美」還夠味，熟食只有做湯，而這湯的色和味都是別的任何一種湯所沒有的。

記得家居天津時，海米蘿蔔湯是經常見於飯桌上的。綠蘿蔔連皮刨成細絲，用豬油略加煸炒，即放水加海米滾煮，煮成後湯漾碧波，其悅目無法形容，因爲它綠得鮮，絕非菠菜的那樣蒼黃暗綠。不過，如用素油炒，則大爲減色。

目前本省菜市中也偶見綠蘿蔔，可是水份不足，生吃太辣，煮湯色素也嫌不足。

白蘿蔔煮湯，不必談誰都知道，切塊煮排骨，切片煮開洋，切絲煮鯽魚，可以說是無所不宜，不過，筆者卻覺得純素的酸辣蘿蔔湯，才眞是以蘿蔔爲主的。這湯的做法是刨蘿蔔成細絲，鍋中水滾加入適量的鹽，然後再放入蘿蔔滾煮，這是因爲白水煮蘿蔔會有一種臭氣。在起鍋之前，加蔴油、醋、芫荽花、韮菜末等，最後撒上胡椒粉。

北平人吃湯，很喜歡加芫荽、韮菜等借以提味，正如同有的地方喜歡加蒜葉一樣。不過有個原則，就是大葷的湯，像雞湯、牛肉湯等則免。

蘿蔔塊紅燒肉，蘿蔔片炒肉片，蘿蔔絲炒肉絲，大概人人都會如此吃，不過，蘿蔔切成粗條和小魚一塊熬煮，醬油、鹽、糖加得夠味，火候到家，是下飯的一種美食。天津衛的「貼餑餑熬小魚子」就是如此。蘿蔔絲餅是南方點心，蘿蔔餡餃子是北方人土吃，蘿蔔絲加麵粉、細鹽、胡椒調成糊在油鍋中塌餅，則是一般家庭都可以做來嘗嘗的東西。

此外白水煮蘿蔔絲或片煮到臭味極濃，沖冰糖，給傷風咳嗽的人上床前服用，是發汗止嗽的極妙單方，不過這已不在談吃範圍之內了。

黃瓜茄子

我們那地方的習慣，常是把「青菜豆腐」，「白菜蘿蔔」，「黃瓜茄子」這樣的兩種兩種連在一塊說。其實，黃瓜和茄子絕對不能一鍋出，若是誰能做個「黃瓜炒茄子」，那筆者所吃過的「洋芋塊炒四季豆」是同樣的當被引爲笑談。

在大陸北方，黃瓜在書之於紙時，一定寫爲「王瓜」，爲何如此，不得而知。那裡的王瓜，則一律屬於「小黃瓜」者流，像這裡菜市上所售那種老大的像絲瓜一樣的，則絕對沒有，所以像黃瓜鑲肉餡兒然後紅燒，以及用黃瓜炖排骨或開洋成濃湯，也是沒有過的吃法。

黃瓜熟食，大多是作配料，像炒豬肝，炒腰花等配幾片薄薄的黃瓜片，像炒蝦仁，炒裡脊丁等配點黃瓜丁，爲了菜求其清鮮，以火候快速，脆嫩爲上。生吃種種，在以前「談涼拌」裡，曾詳細的提過，似乎也不必重複，今天專談黃瓜，似乎只有「炒黃瓜皮」與「俄式酸黃瓜」可說。炒黃瓜皮是以小嫩黃瓜挖去瓤子，配薑絲及小紅辣椒絲，入極熱的素油中爆炒，立刻加糖，醋及少許鹽或醬油，全部過程，有一兩分鐘已足，盛起待涼，然後食用，脆爽酸甘，極爲適口。如果有好刀工，能把整條黃瓜皮旋著剝下成爲一長條，炒出後更爲精緻。

「俄式酸黃瓜」，亦即西菜中的酸黃瓜，是把黃瓜切不規則的塊，或者對剖而切成小段置皿中，醋加水加糖煮滾，加胡椒粉少許，趁熱倒在黃瓜上，加蓋，悶數小時，涼後，即可吃。所謂皿，是不論盆罐均可，但是以陶器、搪瓷、玻璃者爲宜，鋼鋁鐵製者，絕不可用，因爲熱醋對金屬腐蝕力強，經了這種化學變化，會產生毒素。

拌黃瓜無論是配肉絲、肚絲，或者只本身清拌，加薑或加蒜，都還提味，但絕對不能加蔥。生蔥花加在生黃瓜上，則是連以吃蔥著名的山東人都不喜歡的。

嫩黃瓜片氽湯，一定是用清高湯，等湯滾開後，黃瓜入鍋即盛起，這樣能有清新之味，如果把黃瓜以油煸炒，然後放水煮湯，則鮮味全失。

在大陸上黃瓜是初夏上市，秋深即無，冬天過年時有特別培養的「窖子貨」，長僅三寸，細才如指，渾身嫩刺，頭頂黃花，盛放在特製的小蒲包內，身價之高，媲美此地的豌豆苗等，其鮮則過之。因爲席上如有那麼一小盤拌黃瓜，或是氽一碗湯，一定會滿室清香。在這裡黃瓜是四季不斷，物不稀則不貴，吃起來從不覺得新鮮，談起來，也便乏味。

篇幅所限，這次僅及黃瓜，茄子只好留待下次談了。

茄子之章

上一次談吃的問題是「黃瓜茄子」，但是說來說去，所談僅及於前者，所以今天只好爲後者單列一章。

提起茄子，筆者首先想到的是十多年前做過的一件蠢事。大概總在卅八、九年間，由報上看到一位名家所寫的「千張茄子」，認爲是個好吃的小菜，就立刻買材料照方「炮製」。她所寫的方法是：「茄子八條，粗鹽八大匙，花椒一大匙，油十二大匙。茄子去蒂洗淨，用刀從蒂部斜著切細薄片，惟不可切斷，刀入茄身過半即妥，切完茄子的半面，翻過來再切沒有刀紋的半面，如此則前後刀紋成十字，茄子可拉長而不會散斷，用鹽塞在每片縫內，一個茄子大約用一大匙鹽，醃一夜，再輕輕用兩手把茄子身內的水擠乾。再用乾鍋炒好花椒，壓成粉末，灑勻在醃好的茄子裡，然後把茄子盤成圓餅，下鍋用油煎成酥黃……」筆者因是試做，把份量按比例改成兩條茄子兩匙鹽，誰知做成之後，煎時費了好大時間不說，煎出的成品極不像樣，味兒比鹽還鹹，簡直不能入口。當時筆者的感想是「食譜不可盡信」，所以，直至今天，筆者就自己喜好和經驗所得，只願談吃，而不敢寫「譜」。

不過，這「千張茄子」的確是一味可口的小菜，那是把鹽量減半，在醃好擠去水份之後，先在乾鍋慢火中烘略乾，再入油煎炸，炸時才易酥而香。這小菜配粥最宜，下飯略遜。

茄子最普通的吃法如「炒茄絲」、「熬茄塊」、「紅燒肉鑲茄夾」，都要用大量油，最好以蒜瓣爲配，才特別提味。講究點的「素燒茄子」，則是先把茄塊或厚茄片「過油」，然後加醬油、鹽、糖燒煮，要煮透，直到只見油而不見湯汁爲止。燒時還可配鮮嫩的毛豆。這在談毛豆時已談過。

爲了省錢省事而吃茄子的，也有好幾種方法，一是「拌茄泥」。只要把茄子隨飯鍋蒸熟，略壓去水份，加蔴油，醬油，鹽，醋，蒜泥一拌即可，如加芝蔴醬也好，不過有人會嫌它不爽口。這也有考究的吃法，就是茄子不用蒸，而用火煨熟。煨的方法是外面用黃泥包裹，放在火中煨燒。但這只限於炭火，用瓦斯爐是沒法子辦的。

二是「煮黃豆鹹茄」，把黃豆先用適量的水煮熟，即加入茄塊及調味的鹽，花椒，八角等再同煮，煮到湯盡豆茄都爛熟，出鍋趁熱拌蔴油而食。因黃豆本身味鮮，所以這雖是素菜，也還可口。

「炸鑲肉茄夾」，大概有很多人做過吃過，由這略加改變，可成爲另一個新穎的「炸茄魚」，這是把茄子去皮，豎切筷子粗細的長茄條，沾裹雞蛋麵糊入油鍋炸透，沾花椒鹽或辣醬油吃。有兩條茄子就可以炸成蓬蓬鬆鬆的一大盤，可看可吃，可是略費油而已。

藕——蓮菜

陝西長安城中人，管藕叫蓮菜，當年初聽時，覺得這種取名法是不失其雅，又合實際，乃深印於心。

我鄉俗諺：「花下藕，苔下韮，十八閨女，黃瓜鈕」，言其美其嫩也。如今，隆冬季節談藕，似乎很「不合時宜」，不過，臺灣菜市中物，常是不分季節的，而且，最近「談吃」一直以「蔬」爲主，順流而下，應及於藕，所以也只好以此爲題。

長安人家常吃炒「蓮菜絲」，這實在不是個高明的菜，因爲藕中空有洞，不論橫切豎切，都難以成條。所謂「絲」，只是意思如此，實在只是長短不齊的碎末而已。

濟南大明湖中以產藕名，但實際上市上所買，絕非湖中之物，因湖面不大，哪來許多。當炎夏之際，花下嫩藕，雪白爽脆，可以之當水果吃，故又名果藕。這也就是杜甫詩中的「佳人雪藕絲」之說。果藕切片調以糖醋，則又是酒席上的冷盤。這種吃法，在大陸江南各地，也是很常見的。秋深以後，花殘藕老，這種藕才是正式的菜藕。

菜藕中比較嫩些兒的，可以切片以大火熱油爆炒，略加醋烹一下，味很不錯。而眞正的老藕，則只有煨湯才能顯其長。

藕怕鐵器，遇鐵則氧化而色黑，一般食譜家常說要以竹刀切藕，可是，平常人家誰又常備竹刀？其實，刮藕皮只要有一隻方稜的竹筷即可，用方稜處刮去藕皮之後，用力把藕拍碎，然後用砂鍋或鋁鍋炖煮。炖豬腳，炖排骨，炖豬肺，都可得一鍋鮮美的淺紅色濃湯。尤以炖豬肺，在傳說中更是治肺病的良好單方。

炸藕夾，也是各地人都常吃的一個菜。不過如以待客，則以我家的「炸藕盤」更爲出色。這是選最粗的藕最粗的一部份，切成大小所差無幾的大大薄薄的圓片，每兩片之間夾一層薄薄的肉餡，然後沾裹麵糊，炸成一個個的「圓盤」。因爲這兩片藕中間無關連之處（不同藕夾），所以夾餡之後的沾裹麵糊及入油鍋之刹那，都極要手藝，弄不好就不能成爲整整齊齊的「盤」。反正中國人的吃，就講究的是這點「藝術」，其實，這和炸藕夾味兒並無大出入，只是好看而已。

糯米藕是道甜點心。不過如果把已煮好的糯米藕切成半圓厚片，和煮好的蓮子，或者買的糖蓮子，在碗中各佔一半的排好，或者蓮子排於碗底，藕擺在上面，再加糖入籠蒸透，然後扣在大盤中上桌，就成爲一道精緻的「蜜汁雙荷」。

藕去皮後在孔中灌上肉餡，加水、醬油、酒、糖等紅燒，燒煮到湯盡藕酥，盛出後切塊上桌，是我母親常做的「紅酥藕」，下飯極佳。

南京人做的「藕圓」也極好吃，不過以有稜的陶瓷鉢子磨藕漿，太費時費事，是如今這一切都忙的時代，不大容易做到的，也不需要吃的了。

捲心菜與菜花

至聖先師孔夫子曾嘆曰：「吾不如老圃」，筆者雖不學，總算「儒教」中人，故也有聖人之嘆。捲心菜是否就是我們平常做作「包心洋白菜」的一種菜，像拳頭大樣的白色菜花，是否學名叫做花椰菜，而這菜花是否就是洋白菜之花，筆者是一概搞不清楚，只不過覺得洋白菜是白白的，菜花也是白白的，而且普普通通的炒成一盤菜，都不算怎麼好吃，所以就信筆把它歸在一塊兒而作為「一談」。

說洋白菜不好吃，眞的並不冤枉它，如不信可「普查」，有多少人喜歡用「素炒包心菜」來下飯呢？至於羅宋湯中的它，牛尾湯中的它，則是「禿子跟著月亮」走，沾了別人的光而才「味兒不錯」。家常吃用以炒肉絲或肉片，都不見得出色，只有用手把葉撕成不規則的大片，以旺火熱油，快速爆炒，加適量的鹽、糖、醋一烹，還算清新可口，燒油時先炸一點辣椒，炒成酸辣，也還不錯。如果想把它做成一盤精緻的菜，只有以蝦子（不是蝦）來炒，像北方人炒蝦子玉蘭片一樣，才略為中看中吃：不過炒這菜注意的事項是第一、一定只用菜葉，而去其硬厚莖部，切成極規則的菱形片狀。第二、這菜葉先用滾水燴過。第三、起鍋用豬油。第四是蝦子以少許滾水在碗中燙泡，然後倒入鍋中菜內，而不可用油直接爆炸。這樣炒成之後才會每片如玉的菜片上，滿沾著艷紅的蝦子，鮮腴適口。

素炒菜花也是個「白瞪眼兒」沒啥滋味的東西，如果以它爲主來做個菜，它本身實在是不進油鹽，加上醬油更糟糕。只有像做雞茸黍米一樣的，把它先分成小朶，在滾水中煮過，然後加高湯，加雞茸及蛋白，做成一碗羹，還差強人意。再就是把煮過的小朶菜花用豬油炒炒，加些兒干貝或開洋，放適量的水，加牛奶，再調點麵糊，做成濃濃的「奶湯菜花」，也還可以上得桌子。加上一撮鮮紅火腿屑，當然更生色。

如果用菜花炒肉片，肉片最好是用一點蛋白和太白粉揉過，炒時不要加醬油，炒出後才顏色鮮潔。而且，宜用豬油，因爲素油略帶黃色，不夠漂亮。

其他如用洋白菜絲拌海蜇絲，用洋白菜絲、胡蘿蔔絲、粉絲一同炒成「素和菜」用菜花炖排骨湯，當然也都是良好的吃法，只不過，洋白菜和菜花已經不是主體而已。

附帶著談談，所謂雞茸是以雞脯肉搗爛成肉泥，而不是用刀斬成肉粒。如果沒有雞脯，用排骨肉（裡脊肉）先切片用清水泡去血色，然後搗爛，也可以混充。

再就是上次所談的「紅酥藕」，只說了要加醬油、鹽、糖，忘了一項重要的，就是豬油。如果不加豬油，燒出來乾而不潤，就完全不對味兒了。

最後之青菜

今天寫這麼個題目，有兩種意思。第一，在現代一般的酒席筵間，雞鴨魚肉之後，往往是一大盤開洋菜心，冬菇青菜等壓桌，吃了這盤青菜，酒席已成尾聲。第二是筆者談吃，已經談了快兩年了，所有可談的，該談的，都已經談得差不多，在這新正開始，正是萬象更新，「談吃」這一欄，也該換點新鮮東西了，因此現在以談青菜作結束。

我們北方人（大概直魯豫陝山等五六省都在內），對綠顏色菜，籠統的叫作青菜，實際上並沒有眞正的「青菜」這個東西。只有江南地方，才有肥美如碧玉的「青菜」，南京人冬天家家戶戶的醃青菜，實在令沒吃過這種淸脆爽口的醃菜的北佬，覺得比任何葷腥都好吃（這是筆者的經驗談）。目前在這裡，菜場上的「青江菜」，似青菜而略嫌形小，菜莖部份，好像也不如青菜之白嫩，所以這「青江菜」究竟是北方的「油菜」呢？還是南方的「青菜」呢？筆者搞不淸楚。

筆者想要談的青菜，是葉綠者均在其內，不過，它包括的種類雖多，並沒有什麼可談，因爲如茼蒿，如菠菜，如甕菜等在以前談「素涼拌」時及其他話題中，都牽到過，再談未免重複，如小白菜，如莧菜等，只有家常炒炒，只有油鹽用得合適，就算成功，沒什麼値得一說。想來想去，今天只有芥藍菜和薺菜可以說它兩句。

在平津等地，芥藍菜炒烤鴨片，是一絕味，在這裡烤鴨難得零買，當然就不易再吃到它。不過，以芥藍炒臘肉或香腸，也還不差。

薺菜是野菜，是當年王寶釧在寒窰苦守十八年賴以養命的東西，所以至今陝西長安城外武典坡（不是武家坡）附近三五里的黃土野地上，絕對沒有薺菜生長，因爲都被王寶釧掘光了。可是，北方其他各地倒是常吃這菜。

薺菜作餃子餡也好，作春捲餡也好，都要大量的油葷來配才好吃，否則太乾。「炒薺菜爛糊肉絲」，是江蘇菜，但我老家也常吃它，尤其是過年時候，差不多的菜色裡都要配點這深綠色星星點點，原以爲是只取其好看，後來才知道薺菜兩字，可諧音「聚財」，原來是求口禪吉利也。

金花菜，枸杞頭，馬蘭頭，也是青綠之菜，素炒素拌，各有千秋。一般人炒這些菜，爲求色澤之美，往往加上一點酒，炒出之後鮮綠而有清香。不過，酒是強鹼性，最破壞維他命B和C，若爲了營養，這樣的求悅目適口是有些吃虧了的。

塌棵菜煮豆腐，能煮成一鍋淺碧嫩黃之湯，其中豆腐白似玉，菜葉濃如黛，也頗惹人食慾。

總之，青菜之類，是每家每天飯桌上少不了的，也就因爲它們太平常，太普通，反而沒什麼值得談的了。

附錄：灶前閒話十篇

吃蛋種種

灶下人作灶前語，自然是三句話不離本行，談吃當先。吃之一道，說起來眞不簡單，尤其是在以烹飪聞名世界的我們的中國，不過，儘管「中國菜」名遍全球，但在國內因爲一般生活程度大都「不夠水準」，尤其是公教人員，求得果腹，已經不錯。平日飲食，能夠略加注重營養的，便算得「考究吃」了。

「蛋」可以說是我們的恩物！因爲牠在烹調時不用「切」、「洗」，省時省事，在口味上又十分可口，有葷菜的營養價值，沒有葷菜的油羶膩人。話雖如此，不過，假如我們一年三百六十天，每天早點來個「火腿蛋」，午飯來個「水波蛋湯」，晚餐再來盤「蕃茄炒蛋」，恐怕任何人也會講「吃不消」的。好東西，也要吃得有變化，因此這裡，還想談談「蛋」的各種吃法。

在大陸上，我們吃蛋以雞蛋爲主，鴨蛋只有醃鹹蛋及製皮蛋，因爲牠有種「草腥」味兒，而且價格要高些，在臺灣，鴨蛋成了大路貨，雞蛋反略較「高貴」，不過，臺灣鴨蛋沒怪味，完全可當雞蛋吃，而且如只就營養價値講，鴨蛋比雞蛋划算很多，假如不是請客擺筵，下面所說的一些吃蛋的方法，都可以鴨蛋當之。

提起吃蛋，「炒蛋」是任何人都會做的「世界上最簡單」的一個菜了，只要把蛋向碗中一打，加點細鹽，倒入熱油鍋內，便大功告成，可是加以考究，油量的多寡，蛋炒熟後的老嫩，卻都須研究。而且，炒熟後如成一大餅狀，有另一名稱曰「攤黃菜」，熟後炒成碎塊曰「炒雞子兒」。同時，炒時可配蔥花、韮菜末、蕃茄、茭白絲、青辣椒絲等。假如，配碎的香椿芽，或者大頭菜，則是比較新鮮的吃法。日常下飯，以「菜蔔」（鹹蘿蔔乾）斬極碎混入同炒，也很可口。

煎蛋比較要點技巧，因爲弄不好會蛋破黃流。不過，只要仔細點，也不成問題。荷包蛋，配洋火腿片則是「火腿蛋」，煎好後加醬油、糖等一烹，再加點洋蔥片，比清煎蛋會下飯得多。

煮蛋多半不是「飯菜」而是「酒肴」或「點心」。白煮蛋切好加醬油，比滷蛋鮮嫩，五香茶葉蛋更是孩子們愛吃的東西。

蛋除了炒煎煮這三種基本吃法之外，比較精緻的還有下面種種：

肉心蛋——把蛋敲一小孔，傾出黃白，塡入肉餡一小團，再把蛋白倒入，用力搖動，然後用牛皮紙把小孔封好，入籠蒸熟（不能入水煮，除非蛋可直立鍋中，否則不好），剝掉皮，樣子仍然是白煮蛋，可是心中換了東西。

溜黃菜——這菜純粹用蛋黃。把蛋黃打透，和入同量的高湯，加點黃酒和適量的鹽，鍋中大量豬油或雞油鴨油（素油不好），燒極熱，蛋傾入後攪一二下即離火，再攪數下，成濃糊狀即成。如果配入干貝、荸薺丁、火腿丁、嫩青豌豆粒等，則色味均更佳。

溜雞酪——這是比較費手一種做法，先把蛋打透（不加水）蒸熟後成豆腐狀，再切成骨牌塊，沾著另外打透的蛋和麵粉糊，入鍋煎一遍，把煎好的蛋塊，加醬油、糖、醋烹煮一下，即成。當然烹煮時少不了蔥薑等小佐料。

金錢蛋——白煮蛋橫切成片，沾麵糊入鍋煎好（麵糊只沾一面，也只煎有麵糊的一面，否則不像金錢了。），再加調味烹煮，和溜雞酪大同小異。

鐵鍋蛋——飯館中有特製鐵鍋，家常用煮飯的鍋，或能蓋嚴的炒鍋都行。把蛋打透，加開洋、肉末、蔥花等少許，再加蛋量一半的水，（高湯更好），鍋中遍刷油少許，燒極熱，把蛋倒入，蓋嚴，改用文火燜蒸，好後發起如蛋糕，倒入扣碗中，外焦裡嫩，色香味三者均備。但要熱吃，冷了則變樣。

此外，蒸蛋羹是家常菜，如果一碗蛋羹上澆上三鮮或海參的濃湯，則可入酒席。水波蛋很平常，如果把蛋白分出一半來，先打碎入上湯成雲片狀，然後再把蛋汆入，則是名菜「浮雲掩月」。把蛋打好灌入豬肚，煮好後切片是金銀肚，把蛋整個灌入鴨子肚內，可烹成「七星鴨」。至於「清湯鴿蛋」，「火腿鶉蛋」等與蛋有關的名菜還不勝枚舉，我以爲只要能動動腦筋，便會有一種新鮮的吃法的，事在人爲，烹飪更該不是一種「一成不變」的法則。

末了，我願提供一個我以爲鮮奇的「蛋」的做法，據我記憶，名字是「大蛋」，方法是把十個蛋去殼整個的一一灌入豬泡中（豬泡是豬的膀胱，風乾後如紙燈籠的那種東西）紮緊口，形如大蛋，垂入井中，經一晝夜，取出煮熟，剝去豬泡，「大蛋」一成。切片供客，群皆驚異。我曾一嘗，味同白煮蛋。據說，如不垂入井中，則不能混成一個蛋黃在內的東西。可惜多年來居均不近井，未能一試耳。

燒雞之戀

「先有雞還是先有蛋？」雖然這是個頗不「科學」的問題，可是多少年來，卻一直被人喜歡討論著。因之，提到蛋就不免想起雞，上期談過「吃蛋種種」，這期自然不由就說到雞了。

「雞鴨魚肉」，談到葷食，依習慣的順序，雞居首位，雞味之美，可想而知。烹煮之法，自「清蒸雞」、「白斬雞」、「紅燒雞」、「黃燜雞」以次，何止百數十種，若爲雞而寫菜譜，眞是洋洋大觀。不過，任是多精緻的雞的吃法，而我所永記不忘的卻只有津浦鐵路沿線，小販們所賣的「燒雞」？

說起來是眞老話了，三十多年前，我隨同父母，帶著大群弟弟妹妹們，由北平乘火車返回故鄉。我們坐的是「二等包房」——即現在的臥舖——一間小屋，上下四舖，正好擠得下我們一家八口，頭一天下午五時在北平正陽門東站上車，晚飯是由餐車上送的火腿蛋炒飯和咖哩雞飯，母親因爲素不食米，把飯是一匙一匙的用湯和著呑下的，我則不敢吃咖哩那辛辣之氣，又不喜火腿的「陳」味，弟弟妹妹們大概也覺得「飯」的無滋乏味，哭著要鹹菜，一頓食而未飽的晚餐，馬馬虎虎作罷，幸好不久大家都在車聲隆隆中沉沉入睡。次晨一覺醒來，天方黎明，車停在德州站上添煤加水。那時，天際朝霞紅艷如火，父親推開車窗要我們換口空氣，看看旭日，忽然風中送來陣陣的濃烈肉香，使我們不由轉移目標，群起研究，原來這誘人饞涎的味兒，發自站上小販們叫賣的「燒雞」，父親表示，「這種東西，可能不太衛生，不如等會叫餐車上送牛奶、麵包」，母親則說：「餐車上沒可口吃的，聞這雞味，一定是熟的，絕不會生。」我們當然一致擁護母親，結果以一枚「袁頭」銀洋，購進了六隻黃焦焦，香噴噴的「燒雞」。母親先每人撕給了我們一個雞腿，我啃了一口，天，那眞是無比的美味啊！肉不老不嫩，味不鹹不淡，眞是所謂「適口充腸」，父親見我們吃得香，便不再管衛生不衛生，也大吃起來。那頓早餐，可以說是我們有生以來，直到今天，猶回味無窮的最適口滿意的一次。

那之後，只要路過德州，一定不放棄吃「燒雞」的機會，有時甚至請人便中代購，雖說後來所吃，已不如那次之好，可是成見已深，總認爲「燒雞」是雞中最好的一種吃法，後來七七事變我們遠走川陝，勝利之後，津州路線又爲中共所阻，這二十餘年，便無法再一嘗德州燒雞之味了。雖然爲要滿足饞吻，近年曾自己試做多次，但總形似而味非。有人說：「妳一次煮一隻雞，和大鍋煮數十隻雞，其濃香之味，是沒法比的。」想來這話大有道理。

因對燒雞未能「重溫舊夢」，多年在灶下摸索，不禁便想盡了種種烹雞之法，藉以彌補對燒雞的「思戀」，我曾經做過，而認爲値得提供給讀者們參考的，除了前面所寫的清蒸、白斬、紅燒、黃燜最普通的四種外，大概有：

油炸類：脆皮雞——雞蒸後抹蜜糖、蛋白後再炸。

油淋雞——以熱油半炸半燙。

香酥雞——蒸熟後炸透。

炸子雞——以童子雞剁爲八塊，生炸而熟。

紙包雞——以雞肉切塊入作料醃好，包玻璃紙再炸。

蒸熟類：粉蒸雞——雞塊醃以作料，裹以米粉再行蒸熟。

蔥油雞——雞腹中加大量蔥段，蒸好後以原油沾食。

葡國雞——雞塊裹麵粉炸透，加牛奶、洋蔥等再蒸。

汽鍋雞——雞塊入特製汽鍋，蒸二三小時，肉酥湯濃。

白煮類：麻辣雞——雞煮熟，切塊，澆以麻辣佐料。

文昌雞——雞煮熟，切塊澆以蔥、薑、醋、鹽等和成的濃汁。

香露炖雞——炖雞湯加香菇等香鮮佐料。

這之外以配料變花樣的有：

咖哩雞——以咖哩粉、牛奶、洋蔥等煨雞塊。

栗子雞——紅燒或黃燜加板栗同燒。

八珍雞——清蒸或香酥雞肚中塡糯米、火腿、香菇、開洋、蓮子等八珍作料。

以做法特殊的有：

鹽焗雞——粗鹽約二三斤，炒熱，雞殺好後吹乾水氣，埋入鹽中，以文火焗一個半小時。

叫化雞——雞殺好，不去毛，肚中塡花椒、鹽、蔥、薑等作料，以黃泥裹之，入火燒煨，泥乾透，雞香味透出，剝去泥殼，即成（毛已隨泥而落）。

此外如風雞、鹹雞、醬雞、滷雞，不過是「醃」或「醬油煮」，其不同處只在時間的長短，和外加的配料而已。

至於宮保雞丁，燴兩雞絲、芙蓉雞片、雞茸黍米等把雞在「切割」方面加工，配料變換無窮，則更不勝其說了。

鴨的悲劇

記得小時候，曾讀過一篇「鴨的喜劇」，好像是俄國盲詩人「愛羅先珂」所寫，經文人魯迅翻譯的，又好像根本就是魯迅以「愛羅先珂」的故事寫成的，時至今日，事隔多年，已無法記憶詳細，手邊又缺乏卷帙，也無法查對，不管它是譯文也好，創作也好，反正，那文中對初生鴨雛種種描寫曾引起我對鴨產生過份的美的想像，因為我家是在黃河下游的山左平原，鄉村中只「雞犬相聞」，平素很難看到「春江水暖鴨先知」的詩情畫意，所以對那「一團嫩嫩黃色的毛茸茸的小絨珠，蹣跚的在地上滾來滾去」的情景，也只在幻想中培養。從那時起，在觀念中，我只認為鴨是一種養著以供清玩的「鳥兒」，並非在灶下供作俎上用的「魚肉」之屬。

後來雖也曾在酒席中有時看到「海參鴨條」，「蔥扒肥鴨」等菜品，但總覺得那和「焚琴煮鶴」是一樣煞風景的事，口之於味也因之「固步自封」，從不願下箸一嘗。直到後來，卜居北平，被迫吃過兩次「烤鴨」之後，才了解「鴨」原來竟如此肥腴可口。不過，心中仍然認爲烤的鴨是「烤鴨」，「烤鴨」不是「普通鴨」，心中仍然認爲吃鴨子和吃鴿子、斑鳩、麻雀一樣的是屬於「怪吃」，家庭中廚房之內，是不可以隨便烹煮的。

抗戰勝利之後，由後方還都，在「白下」市上，看到滿街「板鴨」，才對鴨子有了另一種認識。不過，日常除了遇有不速之客光臨，不得已臨時添菜，才勉強教僕媪去買盤「鹹水鴨」或「燒鴨」外，逢年過節，仍是只殺雞不殺鴨。親友們餽贈的「板鴨」，完全原封轉出，對那一片又腥又鹹又硬的鴨之屍體，我從來不願意去想像如何割烹，爲的是不願破壞書中給我的「鴨的美的印象」。那時我執業灶下，差不多將近十年，在朋友圈中，已略負「烹飪好手」的虛名，所以有的人便戲說：「××譜中無鴨字，大概是想學拿破崙字典上無難字吧！」笑罵由她笑罵，我不食鴨仍不食鴨。

不幸，國家遭大變，我們小民生活也跟著遭小變，逃難來臺後，一切都在變動中，思想觀念自然也便無法墨守舊章了，食之一道，也跟著不能逃出此一「變」異。在臺北住不起洋樓大廈，立家平民窟中，左鄰右舍，都是當地查某，不管庭園大小，差不多每戶都養有數隻「番鴨」，那紅臉鳥羽的醜傢伙，鴨聲呷呷，行動蠢蠢，實在沒法讓人發生美感，尤其是「鴨屎臭」殃及我這無鴨之家時，使我不由不對「牠」由過去的愛憐變成現實的憎恨，恨之便欲「殺以洩憤」，恨之便欲「食而甘心」，記得自三九年的元旦，我一口氣從菜市上提回了兩隻洗殺乾淨的鴨子！從那年始，我食譜上添上了「鴨類」一欄。當然，這其中主要的還是因爲當時臺灣的鴨子比豬肉還便宜，比雞的價格，更相差遠甚。不願全家茹素，只有以鴨充雞。

鴨既失去了牠「美麗」的「鳥」的身份，在我心目中代替了「雞」，所以我也便把烹雞之法，完全施用於「牠」，舉凡「紅燒」，「清蒸」，「香酥」，「脆皮」，「咖哩」，可以說是無往而不利。只是「粉蒸」頗不適口，又不好炒盤辣子「鴨丁」等數色而已。不過，成見於先，無論如何我終覺鴨肉不如雞肉美，鴨味弗逮雞味香。除了「烤鴨」，「樟茶鴨」兩者比較做法特殊者尙堪承教外，其他，在我的味覺並不眞的能以鴨代雞。只有一次，記得是去年盛夏，在一個朋友家裡吃粥，她捧上了一盤「風鴨」，我一嘗之下，驚爲「異味」！

在我故鄉，原有「風雞」之法，那是在冬臘之月，把雞殺好，不脫毛，只去內臟，並不洗滌，即以花椒大鹽塞其腹中，然後掛之陰寒通風之處，十日之後，鹽味透遍，再脫毛洗淨蒸酥，撕絲而食，不用刀斬，其味鮮美香韌，迥異鹹雞醬雞之屬，那次，竟於夏月吃到「風鴨」，使我這自命灶下專家，暗自道聲慚愧。及打聽之下，原來她運用慧想，借「科學」之力，改變寒暖，其他，則無甚巧藝了。據說方法是把殺好去毛的鴨子，在電扇前吹乾水氣，花椒和鹽也入鍋炒去水份，然後以此花椒鹽擦遍鴨子全身，扣入大盆，放在電冰箱中，隔日以布拭去浮鹽，蒸酥後吹冷，再入冰箱冰得乾硬即和冬季「風鴨」完全相同。

自從識得「風鴨」，覺得這是種又簡單，又美味的又可驚人的一種吃鴨之法，乃不時仿做。家人吃後，也無不稱好，這一來，鴨乃遭殃，春初曾買了二十隻黃茸茸的小毛團，放在後園之中，每日只須剩飯拌糠，再施以西瓜皮，老菜葉之類外，牠們即滿足的作呷呷鳴，滿足的撒臭屎，既不要水，又不要魚，對主人毫無苛求。中秋節時，已開始可殺而「風」之，慶祝國慶，歡渡耶誕，我家餐桌之上，都有一盤「風鴨」，預想將來新春時節，更將是風鴨的好時候。以我的立場，今後食譜「風鴨」二字將以特號寫出，以供口有同好姊妹，但如站在鴨的立場，牠從前是如此爲我所愛憐不忍加以刀俎，如今竟如此大遭屠戮，豈不可悲！故我乃襲「鴨的喜劇」，改一字而作此段閒話標題。

年年慶有魚——餘

請別笑我提筆便不脫俗，這裡，首先我要像小學生作文裡一樣，寫上「光陰似箭，日月如梭」這兩句話了。不是嗎？一年容易，又是天寒歲暮時候。在日曆上雖明明標出目前正是仲春二月，但在我們中國的老百姓的心中，誰又能不記得現在卻是眞的「臘鼓催年」呢？

記得在故鄉，每年一入臘月，家家戶戶，便開始「忙年」，自吃過「臘八粥」那天起。便一連串的殺豬醃肉，剁餡蒸饃，除夕吃過了年夜飯，還要包上半夜餃子，直到午夜迎神後，才封起「屠刀」，停了爲吃而忙的種種工作。記得年夜飯和初一的午餐，除了主食分別是肉餡和純素的餃子而外，還有幾盆是必備的菜肴，一是「生菜拌粉絲」，所謂「生財有道」，一是「栗子紅燒雞」，所謂「大吉大利」，一是「腐乳蒸扣肉」，所謂「福祿壽喜」，一是「清蒸大鯉魚」，所謂「年年有餘」。前三者可以任意取食，而最後一樣，卻必須原封不動，以達眞正的「有餘」。

離鄉背井以來，這多少年逢年過節，一不供神二不祭祖，早已捐棄了所有的一切的老規矩了，只有對「年年有餘」的這條魚，卻從未忘情。原因可能因爲是自己的日子並不餘裕，希望借此討個吉利，更因爲一家大小，沒有一個人不偏愛吃魚！但，也許因爲大家太愛吃魚了，每年歲尾年頭這兩餐的兩尾魚，並沒有做到眞正「有餘」，以致把日子弄得總是寅吃卯糧，絲毫無「餘」可「有」。不過，不管怎樣，「魚我所欲也」，這一點起碼的慾望，幸而「並未可望而不可即」，旣能經常「食有魚」，已是該引爲滿足的了。

我的故鄉原在運糧河畔，附近更有南陽大湖，淡水魚類，四季無缺，後來寄居黃河岸邊「家家流水，戶戶垂楊」的歷下名城，也是以吃金尾鯉魚著稱的地方，父親雅愛杯中之物，因之我家可以說是「廚下魚常備，樽中酒不空」。對於吃魚，父親頗有研究，對於做魚，母親特有秘方。記得作爲下酒之用的「燻魚」，「酥魚」，那眞是母親的兩大傑作。我家的「燻魚」和一般「稻香村」、「三六九」等處所賣的截然不同，市上所售，大半是以青魚，切作大片，以醬油，酒，鹽，糖，蔥花，薑末等醃煨透味，然後入油鍋炸熟的，我家的燻魚，則是把魴魚用花椒、粗鹽醃半日，油煎半熟，再置鐵絲網上，一面用松柏鋸末煙燻，一面塗抹上好醬油，熟後味香色濃，而且可以久置不壞。離家後我曾仿做過不少次，有的時候魴魚本身不夠肥腴，有的時候鋸末不湊手，便以糖或茶葉置乾鍋中起煙來燻，有的時候買不到魴魚，索性燻起小條黃魚，「春只」或「肉魚」等來，外觀雖仍相似，吃起來卻差得太多太多。

母親所做的「酥魚」，和如今臺北市上「山西餐廳」，「致美樓」，「豐澤園」等處冬季所賣的「香酥鯽魚」同一做法，把小鯽魚洗好，排於大砂鍋中，上面再排一層海帶捲，一層大蔥段，一層藕片等，加大量蔴油、醋、醬油、少量糖，在文火上煨煮五六小時，再等冷透後出鍋，海帶、藕等配料入口即融，魚則骨骼盡酥。其口味方面略有不同者，是母親加的佐料份量特別合適，鹹淡適口，有醋香，無酸味，酥腴而絕不油膩，同時母親更以小布袋裝花椒、八角、桂皮等香料同煮，魚乃更有種特別香氣。

家中除了常備這兩種酒肴外，日常下飯，則以紅燒鯉魚，或鯽魚爲主，偶然也吃吃「糖醋瓦塊」，「清蒸鱖魚」，至於鯽魚釀肉乾燒，魴魚乾煎，也是配饅頭，下稀飯的好菜，反正那些年間，魚在我家餐桌上，是和白菜豆腐一樣的平常，並不引人特別注意，直到來臺之後，市場上觸目是「赤鯮」、「虱目」等海產物品，才忽然覺得過去所吃的竟全屬「高貴」族類。

鹹水魚肉粗味腥，同樣佐料，同樣火工，而燒出來的成品，口味絕難和河魚比。可是，在淡水魚身價太高的現時現地，爲每日有限的菜金打算，有時卻也不能不略做遷就，十年日子過下來，我居然發現，海魚如果做法合適，也有牠可口之處，且容我一一舉例。

譬如「赤鯮」，紅燒不如鯽魚味腴，乾煎不如魴魚鮮嫩，糖醋不如鯉魚像樣，但若煎半透，烹以酒，再放大湯煮，魚透湯濃後，下鹽調味，加醋、胡椒粉、芫荽末盛碗上桌，可以和平津館中的名菜「潘魚」不分軒輊。

譬如「旗魚」，我們不慣吃「沙西米」，以之糟溜魚片，又覺不如黃魚片可口，但是若把牠先施鹽略醃，裏以稀薄的蛋麵糊，再沾上麵包屑，炸成「西法魚排」，則另有風味。

其他如清蒸鰻魚，乾煎帶魚，家常燒金線魚等，也全部下飯，只有「虱目」和「吳郭」兩種，我想不出好方法處理，前者肉粗刺多，又難入味，後者泥土腥氣太重，任用酒、醋、薑、蒜，也驅除不盡。不知我們海那邊來的人們，是不是都有此感？

在四面環海的臺灣島上，河魚既已成了貴族，因之我們購買之時，便也不該不稍加考慮，若仍只「家常做法」，未免有傷牠的高貴，所以，如今我若吃鯉魚，便不再把牠變成瓦塊。整條的略浸醬油，再沾以薄麵粉，炸透後澆上糖醋汁，魚下再襯以炸好的粉絲，很容易就成了一盤色香味都還不錯，可以入「席」的「金絲鯉魚」。若吃青魚，便也不肯隨便紅燒，如果魚還新鮮，一定把牠滾水中燙熟，上面澆上以蔥薑、香菇、冬筍，菜炒透，調味加醋再以藕粉起膩的鮮汁，做成「五柳魚」，或「西湖魚」。

不過，今年我卻決定以網油蒸鯧魚，和生燻鯧魚，做我「年飯」上的有餘之魚了，因爲只有這種無湯汁，不過爛的做法，才能剩下頭尾和全副骨骼，以略符「有餘」之實的。

大塊文章

春天來了。

李白春夜宴桃李園序裡有「況陽春召我以煙景，大塊假我以文章」兩句，現在正是他所說的季節，因之，我想起了「大塊文章」。

我們中國的文字，眞是萬分奇怪，一個字眼兒，可以有若干適用方法，太塊文章這四個字，明明是說大地如錦，「塊」就是「地」，但，調皮的人，偏會把它用爲本義，把「大塊」當作「大塊頭」解釋，所以，吃酒席的時候，當最後吃到「紅燒蹄膀」，或「腐乳扣肉」，以及「獅子頭」等肥膩肉類時，便會說：「大塊文章來了，吃勿消，吃勿消！」

所以，我也借「大塊文章」四個字，來作我對豬肉的封號。

因爲母親是信佛的，「耕牛不可食，羊肉又太羶」，我家平素，只有豬肉佐餐。父親體胖嗜油，於是煮「大塊文章」，乃成了母親的專長。

「冰糖肘子」是父親最愛的一味菜，但因太費事費時，只能偶然一吃，吃時常引起群衆歡呼，其實，它並無特殊之處，不過比別人家的「紅燒蹄膀」更甜一點罷了。母親之所以費事者，是費在親手鉗毛上。一個二斤多重的大蹄，用鑷子鉗淨了上面所有的細毛，何況她老人家要帶上老花眼鏡，自然吃力非常了。鉗毛之後，則一切簡單，把膀入熱油鍋中煎透，使皮上起碎皺，煎出的油可以另用，再把膀置砂鍋中—現在當然鋁鍋更輕便，加料酒、好醬油，及很少的水，蓋嚴，以文燜煮約二小時，待皮酥肉爛，再加冰糖（大約是一個膀四兩糖），煨透後即可起鍋。它的特點在於肉極爛，汁極少，色極艷，味極濃，雖肥不膩。不過，若每餐吃之，也會倒足胃口。

經常下飯菜，倒是「紅燒方塊」百吃不厭。因爲當時我家是用高筒瓦鍋煮，所以叫它「罈子肉」。半肥瘦豬肉連皮切方塊，先入滾水內煮幾分鐘，然後撈出，把那起沫的髒水棄之不用，這樣肉既淨，又不會有肉腥味兒。把煮過的肉塊重新入鍋，加大蔥段，大薑塊，及以小布袋裝的花椒、八角、桂皮等香料，再加醬油、料酒、水，這三種的比例大約是每兩斤肉一飯碗醬油，一碗半水，小半碗酒，先以大火使滾，再改文火，一個半鐘頭以肉熟湯濃，因爲我們不是「南邊人」，平素烹炒，從不用糖，也許這是我家的「罈子肉」異於別人的「紅燒肉」的地方。

「腐乳扣肉」是我們過年的必備之菜，取其「福祿」之音。做法是先把大肉一方，皮向下以醬油、酒、蔥、薑等來醃泡一兩小時，取出吹略乾，再入熱油中把皮煎起皺後，切成大片，排列碗內，以紅色的腐乳（又名醬豆腐），連湯和勻，加原來泡肉的醬油，傾入碗內，上面排上炸好的山藥塊，入籠中以大火蒸透，最後扣入精美的碗或大皿中上桌。這個菜色味均佳，但我卻不吃，因素不喜腐乳之故，離家之後，自己從未做過，客時倒偶然蒸一碗四川的「燒白」，就是把山藥塊換成梅乾菜，取消腐乳，加點花椒（也要以紗布包好，置碗中一同蒸，上桌時取而棄之）。

「獅子頭」原是揚州名菜，幾經吃過，除了「酥」、「嫩」，也沒什麼特別，據說是在於「切工」及「火候」。我不知道地揚州做法爲何，只從母親那裡學來是把「排骨肉」（即裡脊肉）及上好肥肉各一半，先分切細丁，再行略斬，斬好後加蔥薑細末，及斬碎的荸薺少許，一同和勻，加適量鹽及色淡的醬油，再加蛋白一個，豆粉（現在太白粉）少量，再加打和，使成肉糜。取黃芽白菜大葉，去其幫皮，只留「葉」的部份，這葉往往微曲像小盤子，然後便把肉糜團成飯碗大的丸子，一葉一個放入大皿中，入籠蒸之。蒸好原碗上桌，色澤淡雅，入口酥融，據所記憶，不下於揚州名廚產品。

除了以上這些眞正「大塊」而外，像廣東的「白雲豬手」，江蘇的「鎭江肴肉」，也都是以「純豬肉」爲主的菜品，不過是冷盤中佳味，不是大菜。曾在媛珊食譜上見其詳細做法，這裡且不把它列爲「文章」，倒是有一次在四川朋友家中吃到的「夾沙肉」頗足驚人。

那次是在若干道菜肴之後，洗匙換碗，準備吃甜品之時，忽見大盤捧出連皮肥肉，上撒白糖，使我這土包子，不禁大爲詫異：「白糖肉片」，眞是新聞。經詢問之下，原來竟是川中名吃。據說是以五花肉入水煮半熟，然後切厚片，每片再中分，近皮的那面不切斷，夾上炒好的豆沙，排列碗內，上面再加糯米飯，蒸到極透，肉融脂出，皮軟如膠，扣出上桌。見別人一口一片，連吃連呼過癮，說是：「別要看肥，一點也不膩。」但自己始終未敢去大口一嘗，挑了一點中間的豆沙，果然香甜，下面糯米飯也甜軟適口，據想像，大肉片當不會難吃，只是「成見」和「習慣」不願驟改。肉而純甜，這和元宵包肉（四喜湯糰），月餅裡有鹹蛋，粽子裡包蝦米火腿，一樣被我這北佬認爲不合理而不願接受的。

此外，氽肉片、燴肉絲、爆肉丁、炒肉末，還有肉脯、肉茸、肉鬆等豬肉製品可說多到不勝述，但因不算「大塊」，這裡且不說它了。

桃花流水對蝦肥

幼時讀舊詞，極愛煙波釣徒張志和的一首「漁歌子」，那是「西塞山前白鷺飛，桃花流水鱖魚肥，青箬笠，綠簑衣，斜風細雨不須歸。」

因爲那時我家正卜居天津，每當暮春時節，西沽道上，桃華吐艷，千柳垂絲，白河之水，由濁轉碧，鴨群知暖，漁舟時現。當隨家人遊西沽賞桃花時，不由便聯想到這首詞。

可是，當時好像並不多見鱖魚，「肥」的倒是「對蝦」。

我不敢確知對蝦是否就是明蝦，因爲在「觀感上」，那時的「對蝦」是兩隻大海蝦顚倒放置，如太極圖狀，出售以「對」論値，而如今市上的明蝦，則散亂堆集，大小不一，稱斤論兩。不過，在味覺上，好像它們就是二而一：「乾燒明蝦」和「烤對蝦」形式和口味沒什麼兩樣，「茄汁明蝦」也完全和「烹對蝦段」相同。而身價上，如今「明蝦」在餐館中是「時價」菜，可能有時貴得驚人，而「對蝦」

除暮春夏初的旺季略覺便宜，平時也不是家家廚中可購買得起的。

我祖籍是「運糧河」中游的一個小縣城，該地盛產魚蝦，淡水青蝦，四季無缺，自幼在餐桌上，便吃慣了「鹽水熗蝦」、「清炒蝦仁」、「蔥烤蝦」等等，尤以「鹽水熗蝦」，更爲所愛，因爲它是既宜佐酒，又可下飯，更能空口而食，如食「鹽水煮花生米」一般，清淡中甘鮮異常，毫無油膩之感，可以一口氣吃個大半盤。據母親說，「熗蝦」最簡單，只需把「青蝦」洗淨，剪去蝦鬚，入滾開的花椒鹽水中，略一滾煮，即刻離火俟冷後將蝦撈出盛盤，既鮮且嫩，鹽味椒香，恰到好處。

全家北遷之後，平素漸少吃蝦，但每逢對蝦旺季，卻從不放過。從烤蝦段吃起，什麼「炸琵琶蝦」、「蕃茄燒蝦」，直到「炒蝦丁」、「拌蝦片」，一定讓家人過足蝦癮。不過，據我的感覺，「對蝦」好像總不如家鄉「青蝦」可口，原因是對蝦「老」，青蝦「嫩」，青蝦清淡而鮮，對蝦味厚而腥。把對蝦去皮切小塊的「炒蝦丁」，在樣子上和「炒蝦仁」完全一樣，但味卻差得很遠，「拌蝦片」也絕不如「熗青蝦」。假如我是個男性，我想會把它們比作女人。青蝦如豆蔻年華的少女，淡妝素抹，楚楚宜人，而對蝦如將老的徐娘，濃妝艷抹，顛倒衆生。試想：「乾燒明蝦」的多糖，「茄汁明蝦」的大量的蕃茄醬，不正如中年婦女臉上的濃脂厚粉，掩盡本來面目，徒給人視覺上的刺激嗎？

也許我眞所謂「一生愛好是天然」，在飲食上，愛淸淡，不喜濃腴，也便因此，對「對蝦」並不過份貪嗜。來臺灣後，吃到聞名世界的龍蝦，更有「見面不如聞名」的悵然，那樣「老」，那樣「柴」，如果不是美麗的蝦殼先給人以視覺上的誘惑，再加上美器陪襯，配料色彩耀眼，我眞不知那同「嚼螺」有何區分。

臺灣雖爲島國，但可口的魚蝦著實不多，尤其是「蝦」，明蝦貴得出奇，非一般人家常可吃之物，普通的蝦，均爲海產，在市場裡看見那腥氣撲鼻，顏色變紅，鎭在冰塊中的東西，不吃已倒足胃口，即或偶然看見有點皮色靑靑可喜的河蝦，也多小得可憐，剝去皮便一無所有，除了連皮帶骨的炒韮菜吃，很難有其他做法。「小蝦炒韮菜」是北平春季配烙餠的好小菜，不過完全是貶低「蝦」的身價的做法，小蝦賤如蓬頭貧家女，韮菜好似乞丐，這兩種東西一配，眞是絕對不能登華筵的，甚至家常待客，亦嫌寒傖。

所以，這些年來，我這嗜蝦之徒，一直很少吃蝦，除了擺席宴客，不得已才剝上半斤蝦仁，或買它十數明蝦。

在筵席之上，看起來好像「明蝦」比「蝦仁」名貴，但若千篇一律的「茄汁」或「乾燥」，也就不見精緻，若能仿西菜的方法，把明蝦去殼對剖爲二，在滾水中煮熟（要嫩），排列盤中，底下鋪以生菜，旁邊擺好蕃茄片，上邊淋以白汁——做法容日後談——或沙拉醬，則比較精緻可愛。還有明蝦去殼，只留蝦尾，把蝦身由背部剖開，腹肉仍連，用刀拍成大片，沾點打好的蛋汁，略裹麵包粉，入油炸成好看的琵琶形，也算新穎的菜肴。不過，以實惠講，還是以普通的蝦「成」菜合算。清炒蝦仁沒什麼出奇，但若炒時一半加青豆，一半加茄汁，兩種分開擺在一個長形大菜盤中，名曰「鴛鴦蝦仁」，身價立刻不同。肉丸子做湯是粗菜，若以雞皮蝦丸川湯，則成上品。把蝦仁剁成泥，加蛋白，太白粉打透（不打透則不夠鬆，不夠嫩）炸成蝦球，色香均佳。至若「蝦仁炰蛋」，「麵包蝦仁」、「蝦仁吐司」等，是家常菜，也可待客吃。

油爆蝦是目前一般餐館中常見冷盤中的主力軍，尤其是大拼盤，幾乎無一缺此，但「熗蝦」則從未見過，可能是因海蝦不夠鮮嫩，而淡水蝦又多寄生蟲之故。可是，有一次吃一個「名廚」的筵席，竟有一味「生熗活蝦」，不禁令人咋舌。原因是，生熗活蝦是把活跳的河蝦，略剪鬚腳洗極淨，扣入盤中（防其跳也），另盤盛泡著薑末、蔥花等加了好酒的三合油（三合油是醬油、醋、蔴油），上桌之後，將此佐料傾入蝦中，仍扣以盤，用力上下顛搖幾下，使盤中蝦被熗並撞碰的暈死過去，開盤取食，有時蝦入口中，尚在蠕動。這味酒肴，原本鮮極，但在淡水產物均含吸血蟲的臺灣，吃此無異是拚死吃河豚的。若爲口腹之欲，損失大好健康，爲智者不取。

古人有蓴鱸之思，如今此地夭桃雖少，流水依然，看到淡水河畔時有捕香魚的釣徒，不僅想起津沽暮春風光，同時也想到「煙波釣徒」的名句，恕我竄改兩字，借作閒話話題吧。

青菜豆腐保平安

關於飲食之道，我鄉有句俗語說：「魚生火，肉生痰，青菜豆腐保平安。」因之，當我把雞鴨魚肉依次的都當過了話題之後，很自然的便想到了青菜豆腐。

在我們北方人的習慣，青菜這個名詞好像是一切綠色蔬菜的總名，舉凡菠菜、油菜、芥菜、塌窩菜、茼蒿菜、小白菜等，都歸在它的名下。後來，去南京時候，看見那種比芥菜光潤，比油菜青翠，比小白菜肥厚的東西，才發現原來南方專有青菜之物。但爲了保守自己的習慣，這裡所談的青菜，仍以廣義爲是。

青菜幾乎是一般家庭中每餐必不可缺的東西，雖是家常粗吃，似乎任誰都會烹炒，但若仔細研究，炒一盤可口的青菜，卻也要相當技巧。北方人的習慣，在炒青菜之前，往往先用滾水燙過，爲的是能使其保持碧綠。聽說廣東人還愛用小蘇打水「焓」之，這兩種方式，爲了講求菜的色調，沒有什麼不是之處，殊不知，這樣一來，菜裡面的葉綠素和維他命C卻俱隨水而逝，完全失去了它的營養價值。以自己灶下經驗所得，炒青菜的秘訣該是「火大、油熱、不蓋鍋」，以這種方法炒出來的菜，絕對能保有它的原色原味，不會黃澀難吃。若是以青菜煮湯，最好是當湯滾沸之後，再把菜放入，寧可不滾煮得過於爛透，爲的是要它色澤不變，養份不失。

青菜除了烹炒之外，有的幾種涼拌著吃，卻更清爽適口。譬如海米拌菠菜泥、芹菜拌干絲，茼蒿拌香干等，在吃過大魚大肉，滿口油膩腥羶之餘，以它們來下飯佐粥，眞是再好不過。涼拌菜佐料，主要的當然是好蔴油和好醬油，愛吃酸的，還無妨加些香醋，但若爲了看起來精緻，海米菠泥上可加些許切得極細的胡蘿蔔丁，芹菜拌干絲可以加點紅的鮮辣椒絲，茼蒿拌香干可以加幾顆光潔的花生米，這些小節，只看灶下人慧思如何了。

至於豆腐，它是素食主義者的恩物，眞是煎炒烹炸煮，無往而不利，若配以葷腥，則更千變萬化，可以做配粥小菜，也可以做酒宴中的大件。普通我們的「家常豆腐」，多是先以油煎略黃，再入佐料燒之，可配的東西，如金鈎蝦米、肉末火腿、毛豆豌豆、茭白筍片、香菇、冬菇白菜等可說是不可勝述，而且是配哪種有哪種的香味，若一高興做個什錦豆腐、八寶豆腐、三鮮豆腐，亦無不可。

豆腐不僅可以配上所列乾鮮的蔬菜，同時可配魚配蝦。黃魚豆腐羹、蝦仁汪豆腐，都是鮮嫩適口的東西。至以豬血，雞鴨血和豆腐同燒，是出名的「燴紅白」，蛋和豆腐混炒，又是可口的金銀豆腐。

豆腐最簡單的吃法是白水滾煮，然後沾醬油、蔴油等吃，這多半是川貴等省份的人的辦法，因爲他們是「且把豆腐當豆花」。北方人則多吃涼拌，春天的香椿拌豆腐是「時鮮菜」，平時「雪裡紅」、「鹹菜丁」也都是拌豆腐的好佐料，在抗戰時期，生活困難，北平有人吃茶葉拌豆腐的。就是把泡過的茶葉，再加以利用。不見得好吃，也許出於無奈，因爲有點配頭，總比鹽水豆腐像樣。鄉下人則多用小蔥來拌豆腐，「小蔥兒拌豆腐，一清二白」者是也。豆腐的考究做法，素菜裡的「羅漢豆腐」是數得著的，第一要火候，第二要佐料，香菇、髮菜等都不是便宜東西，不擺素席，平常很少人吃。廣東菜的「釀豆腐」倒是家常宴客兩宜的一味大菜。不管「紅燒釀豆腐」或「清燉釀豆腐」，廣東的作法，都是把豆腐煎成兩面黃，切成三角塊，挖成中空，塡以上好的肉餡，作成可口肉多與否，技巧在肉餡的調味和「燒」、「燉」的火候方面。這味菜不難吃，但往往於豆腐，有喧賓奪主之嫌。我自己曾創造了一種蒸豆腐，和這釀豆腐大同小異，試做幾次，倒也新穎可嘗，方法是豆腐兩大方（菜場上有小方印痕的豆腐。每隔包括九小方或十六方均可），按著其中小方塊的印痕，每隔一方挖空一方，置大皿中，把挖空之處塡以斬好的肉餡，兩方重疊，使空處錯置，然後加適量醬油鹽味，入鍋蒸透，原皿上桌，十分可看，也尚可吃。

川菜中的麻婆豆腐，名氣很大，其實也只是肉末燒豆腐，多加紅油和花椒粉而已。一般燒豆腐是先煎豆腐使「老」，麻婆豆腐是只把豆腐切小方丁，入炒好之肉末中滾透，保持其「嫩」。炒時油多，使其不易散熱，具「麻辣燙」三特色即算成功。走筆至此，想到了一樁有關青菜豆腐的故事，也順便閒話一番。據說，清朝乾隆皇帝下江南時，因微服獨行，一日錯過了打尖站頭，腹中飢餓萬分，乃就村內一塾師處求食，塾師看出來人非凡，盡力巴結，但村居實在沒什麼好東西，只有米飯和蔬菜炒豆腐供客，不想吃慣了珍饈的皇帝，居然對此大加欣賞，便問「這是什麼東西？如此好吃」，塾師生怕來人笑己寒酸，乃謊稱「這是翡翠炒玉板」。後來皇帝回都，要吃翡翠玉板竟難壞了御廚內多少名手。上面這段小故事未必實有其事，但青菜豆腐被稱爲翡翠和玉板，倒是恰當之至，同時，就營養價值而言，人對它的需要，實遠過於眞的翠與玉呢！

瓜的世界

夏天是瓜的世界。這話並非筆者杜撰，試看「浮瓜沉李」之句，足證以瓜消暑，自古已然。

不過「浮瓜」之瓜，總是西瓜、木瓜、香瓜、甜瓜、蘋菓瓜、美濃瓜者流，這些都是冰箱中的寵兒，專供生涼解渴之需，而非俎上鍋中菜肴，可作佐餐之用，所以灶下談瓜，是另外的一套。

夏日菜色，以清淡爲尚，冷拌尤爲多人所喜，所以廚中恩物，首推黃瓜，因它變化多端，生吃熟煮總相宜。

「黃瓜」應寫「王瓜」，何以如此，無從考據，只知「衆皆如此」。它不獨盛於夏月，在臺灣可說是四季供應無缺，但新熟嫩瓜，通體新綠，周身細刺密佈，頂上黃花猶存，則只有目前市上方是大路貨。「小王瓜」生吃不損原味，尤其是「清拌」。拌王瓜講究的是以刀柄把它拍碎，不以刀切，避免觸鐵。拍好加細鹽略拌片刻，再把醃出之水瀝淨，加醬油、蔴油、香醋上桌，清香爽脆，下酒佐粥，無往不利，喜味濃的人，有的加辣油，有的加蒜泥，有的加生薑，固然口味之嗜，各有不同，但如此總不若「清」而存「眞」。

雞絲拉皮、炒肉拉皮、肚絲、腰片、海蜇諸凡涼拌之菜，大都是以王瓜絲或片爲配，涼粉涼麵的青頭佐料，也均不能缺少王瓜。除了上述「生冷」，熱湯之中，有時也賴王瓜提味，如氽裡脊片，如豆腐蛋花湯，清湯之上，蕩漾著幾片碧玉樣的小王瓜片，色既醒目，味也清香，不過，這都必須是湯滾之後，才下瓜片，立即上桌，若煮到「滾瓜爛煮」，則不中看又不中吃了。

老大的王瓜，則熟食較宜，把「大王瓜」削皮去瓤，中塡肉餡，清蒸、白炖、紅炆，都是味腴可口的「釀黃瓜」。如把王瓜皮削剝成爲整齊的一段段的，先以鹽略醃，如蔥、薑、紅辣椒絲等，入熱油中爆炒，再烹以糖醋，則是一味很美的酸辣「瓜皮捲」。此外，王瓜炒肉片，王瓜排骨濃湯，是極平常的吃法，肉丁、王瓜丁、胡蘿蔔丁，豆干丁等同炒，雖仍家常小菜，但色彩較美，味亦略高，主要的是王瓜要最後下鍋。

次於王瓜的是冬瓜。「冬瓜盅」這味廣東名菜，可以說是人盡皆知，不過「盅」內配料，什麼火腿干貝，香菇蓮芡，都是名貴異常，不是日常可隨便吃吃的，而且臺灣沒有小冬瓜，若三兩口人之家，費勁拔力的弄個冬瓜盅，一日三餐不換菜，恐怕也吃不完，所以此盅大有改良必要。普通人家，買冬瓜兩斤，選細點的，則這段瓜圈可略厚，把瓜圈洗淨，置大碗內，再分一部份切片鋪於碗底，加肉丁、海米、筍丁、青豆、花生米等（可隨意配幾樣）在圈內，入鍋蒸透，和冬瓜盅無甚出入，只不過寒素點罷了。

因我爲北地人，所喜歡的倒是北平人吃的羊肉煨氽冬瓜湯。方法是冬瓜切片入清水中煮透，羊肉切薄片，以醬油、蔴油醃泡片刻，入正滾的冬瓜湯內，即刻起鍋，然後再撒上胡椒粉、芫荽、韮菜或蒜苗所切的細末，肉嫩、瓜爛、湯鮮，味濃而不膩，清淡但不單純。臺灣羊肉較少，如以精瘦豬肉代之，亦尙可口。其他炒冬瓜片、熬冬瓜塊，不論葷素，我的口味，覺得都不算下飯佳品，只有海米冬瓜湯和火腿冬瓜夾，尙耐品嘗。

南瓜也算夏季蔬菜，它的名稱，各地不同，臺灣人叫它金瓜，大概因它瓜肉金黃，北平人叫它窩瓜，說是它形狀不圓潤，有些窩裡窩囊的樣子。直魯兩省叫它北瓜，江南各處，叫它南瓜，究竟它尊名爲何，恐它自己也無以爲定。南瓜味甘，越老越香。炒南瓜是菜名，蒸南瓜是點心，它的原味近甜不宜鹹，配料宜素不宜葷，如果「南瓜紅燒肉」，可說瓜味肉香兩失。我對南瓜，無所愛好，但有兩種吃法例外，一是南瓜塌餅，一是紅豆南瓜。

南瓜塌餅，初嘗是在一位常州人士的家裡，方法是把南瓜擦細絲，混以麵粉，略加蔥、鹽使成濃稠糊狀，入油鍋，煎成一個小餅，外焦裡嫩，味兼甜鹹，入口香糯，食不知飽。其實我鄉常以蘿蔔絲、匏瓜絲等如此製作，但均不如南瓜好吃。以此餅佐粥，無需其他主副食品。

紅豆南瓜，是傳自川娃。紅豆湯中加南瓜塊，兩者滾煮爛極，濃稠一鍋，盛碗後加豬油、蔥花，略調鹽味，不是下飯佳肴，但可算是極好的點心。若不用鹽而用糖，去蔥花而加點葡萄乾等，更是孩子們愛極的下午食。

此外嫩絲瓜煮湯，涼地瓜（又稱涼薯）炒菜，也都只是夏季常吃的東西，所以，只有夏天，才是瓜的世界，如謂不確，您可見過隆冬之際除夕年夜飯上，是用一個冬瓜盅，一個炒瓜皮，一盤涼拌王瓜，一碗絲瓜湯，再加上南瓜塌餅作主食，紅豆南瓜當稀飯的？

點心與甜菜

根據報載消息，今夏酷熱，已打破近十年來的紀錄。在這大熱天裡，差不多的人都食慾不振，胃口欠佳，尤其是怕見大油大膩。此時本閒話若不識時務，仍行侈談燒雞鴨，炖肉煨魚，那不令讀者作嘔才怪。爲求新話題，雖無數莖鬚可供撚斷，但搜索枯腸，卻也累得汗流浹背。

夏日晝永，畏熱之人，中餐難下，午后小食，勢所必須，貪涼遲眠，更深「宵夜」，又似不可少，「點心」乃因此需要，而與冷飲，同登夏日寵兒寶座。

北人習慣，「點心」尚甜，不像下江人氏，把麵食一律稱作點心。在北平，食品店中出售之糕餅，公認是「點心」正宗，其他小賣，如切糕、涼糕、豌豆捲、愛窩窩、油炸糕等等，亦算點心嫡派，若加工精製，能登上酒席者，則一律呼曰「甜菜」，不管它的地位實在只居「甜點」。

小賣品與店中出售之「點心」，爲買之方便，一般家庭，多不自製，自製之物則往往可以入席，容舉例言之。

一、百合綠豆沙。乾百合入溫水泡軟，以涼水沖淨去其苦味，入濾去豆皮的綠豆湯中略滾，加糖，俟溫即食，或冷透加冰，兩均相宜。夏日午睡醒來吃之解渴消暑，晚夕「宵夜」亦可果腹。若端節前後宴客，在大菜之尾，飯菜之前，以大海碗盛此沙，再配盤型體小巧的冰鎮白粽或赤豆粽，甜涼適口，可算應時最佳「甜菜」。

二、赤豆糯圓湯。赤豆湯中加糯米粉製的小圓子，原是日本吃茶店中的佳品，平常家庭自煮，四季咸宜。春秋宴客，以此配「炸金菓」也是很新穎出色。——炸金菓是把煮熟的馬鈴薯或芋艿搗爲泥，略加麵粉、白糖、香精，滾成卵形，入油炸黃即成，香甜脆糯風味絕佳。

三、核桃酪。北平慶林春飯莊以此湯與「不乃羹」馳名，其實做法甚爲簡單，取核桃仁去皮，碾磨極細，加水煮滾，和入糯米粉糊，使其濃膩合度（如先將核桃仁加水泡糯米同磨更好），糖量適口即成。新正春酒，以此配炸元宵，或炸年糕均宜。

四、蒸三泥。赤豆沙、豌豆沙、紅薯泥，或芋泥，各加糖以豬油炒透，或分層，或分格，置碗中蒸熱，扣出上桌，三色分明，爲嗜甜者恩物，因其過於甜膩，配以清淡的西米水果羹，或酒釀小圓子更易相得益彰。若三泥或二泥炒好即盛盤上桌，亦無不可，只是其形不夠美而已。

五、江米藕。藕孔中塡入糯米，焗酥後加糖，在產藕季節，家常隨時可做來吃，若加點配料和精工，也可成一品精美甜菜。方法是大碗中先擺點青紅絲，再擺一層煮透的蓮子，把江米藕切厚片擺入，蒸熱扣出，上澆濃濃的桂花糖汁（糖水略加太白粉即濃），則色香均佳。此品宜配清涼的杏仁豆腐。

六、油炸冰淇淋。這是筆者杜撰名詞，其實就是臺北「心園」名菜「鍋炸」。「鍋炸」兩字，既不美雅，又不達意，不知何所本。做法是以奶水、雞蛋、香草，或咖啡、可可、果汁等作冰淇淋原料，加麵粉糊做成一鍋濃稠漿糊（約數爲兩碗水、一碗奶、一碗麵粉），俟其冷透，凝爲固體，切塊，沾太白粉，入熱油中炸之，外焦內軟，與冰淇淋無異，只不過不冰而熱，吃來新鮮可口，配一碗冰糖蓮子，兩均名貴。

筆者雖爲北佬，但素即嗜糖，赴宴之時，常是先吃冷盤，以充飢腸，其後不過略嘗即止，蓋留待空間，以備大嚼「甜菜」。即令最平常的八寶飯，也能連吃數匙。所以對甜品自覺尙有心得，惜篇幅所限，本期僅略舉數端，俟有機會，再暢所欲言。

冷凍與涼拌

天兒熱，是吃「冷」食的季節。

冰棒、雪糕、果汁、果凍、蘇打水、酸梅湯等等非佐餐之物，且擱在一邊兒，先不去說它，「灶前」要提出來「閒話」一番的，只是冷凍與涼拌的菜肴。

說起冷凍，首先想起的是「水晶肘子」，這是北平雅敍園，東興樓等飯館的名菜，其實只是白水煮蹄膀，煮極透，盛入大碗，入冰箱冷凍。濃厚的蹄膀湯，凍成個水晶球，扣在一個玻璃大冰盤，或者是翠綠色燒料大盤，珊瑚色釉瓷盤中上桌，眞是首先使你眼前清亮舒服。味有甜鹹兩種，甜的又名「冰糖水晶肘」以大油葷而棄鹽從糖，雖有特殊風味，總覺不太適口，尤其是對「非食肉專家」眞是一箸已足，不堪再嘗。鹹的是很好下酒菜，但缺醋少醬，味兒終嫌過於單純。昔年在故都時，每逢暑夏，總有友人宴請，專爲嘗此「時令名菜」，而我則認爲除了其「色」可取，「香」乏「味」單，不算極品。「水晶肚」和「水晶肘子」同爲「煮」品，不過肚子有臟氣味，煮時可略加花椒、八角、大葱、塊薑，冷凍之前將此雜物取出，以免使「水晶」失色。

這兩味名肴，製作時須加注意的均爲三點，第一、水量要合度，湯過稀，凍不堅，湯過少，晶體不足。第二、煮好後須盡去其浮油，否則凍上一層白膩豬脂，大倒人胃口。第三、膀與肚均應整個入鍋，冷凍之前，再切好排列碗中，傾入湯汁，否則凍成便不易整齊美觀。

其次凍雞、凍鴨也都是常見於餐館冷盤中的東西，製作方法，不過是醬雞醬鴨多其汁，經冷凍而已，無甚出奇之處，倒是以雞鴨雜什，切碎滾煮，調妥色味（醬油加色，鹽糖和味），置方圓不等大小各異器皿中冷凍，扣出盛盤，再襯點生菜葉、王瓜片、胡蘿蔔切花等，來得新穎別緻。不過雞鴨什膠度不夠，最好以豬肉皮同煮，才易凝固，若未加肉皮，最後起鍋時，加少許洋菜使融於湯中，功效相同。

「羊糕」是羊肉凍製，市售者往往「肉」多「凍」少，不夠冷凍食品的風味，倒是我們老家家常所從的皮凍和魚凍，更較可口。

皮凍顧名思義，是純由豬肉皮煮成。一般人往往將皮切條，留於凍內，殊不知肉皮冷後，堅韌如革，不易下嚥。我家則是把肉皮完全撈出，只餘純汁，冷後凍前，加些光潔的花生米，（所謂光潔，是去皮、去蕊）凍成再切爲小豆腐塊，則如琥珀嵌珠，凍子本身，入口即溶，花生米香脆耐嚼，是異味也是佳味。

魚凍其實無魚，只是以魚鱗熬製。鯉魚或鯽魚，先洗極淨，再行刮鱗（魚鱗不可再洗），置鍋內加水猛煮，久之鱗融湯濃，加少許鹽、酒，去其腥濁，冷後即凝如市售涼粉，青白略爲透明。切塊或條，加醬油、醋、蔴油，或葱花。薑末、蒜泥，各就所嗜，調好上桌，眞是鮮爽異常。

涼拌之菜，過去閒話中曾談及者爲數已經很是不少，如雞絲拉皮、肚絲皮、炒肉絲拉皮、三絲洋菜等等，沒有提過的，大概只是有限的幾種。且先就葷的說起：

拌腰片，這是需要火工技巧的，腰片入滾水中略煮，過嫩血腥未去，老了又入口不鮮。拌的佐料除三合油、葱、薑等，加涼地瓜片、筍片、荸薺等爲配，可免單調，又省主料。

拌鴨掌，鴨掌不易單購，日常吃不甚經濟，宴客則可列爲精緻冷盤。

拌白肉，川菜蒜泥白肉和我鄉者不同，我鄉白肉切片後，多配以鮮醃萵苣片加以冷拌，辣椒與蒜，只是可有可無的小佐料而已。

家常所吃涼拌，素淨者爲主，如拌茄泥，是把茄子蒸或煮透（蒸比煮易存原味），撕成條（切則不夠味）加三合油拌成，不過茄子喜蒜，若不加蒜，則平淡無奇。

如拌海帶，是把海帶略煮，保持其嫩，切極細之絲，拌以薑末，清爽滑脆，下粥最宜。如涼豆魚，這是川味之作，綠豆芽以滾水焓過，包以油豆皮，一條條做魚狀，蒸熟後切塊加醬、蔴、辣油及芝蔴醬，味甚鮮美。

如拌和菜，這個「和」無一定之規，只是都以煮透的粉絲爲主。以黃芽白菜心切絲、略醃，加少許韮黃段這種「拌」法北方多在冬季採用。以綠豆芽，韮菜段均焓熟來拌，春秋最佳。以黃瓜切絲，加蝦米拌之，夏天爲宜。此外如拌豆腐，小葱可以，醬菜可以，香椿更好。加皮蛋及酸菜末，或雪裡紅末同拌，是江浙風味，也很下飯。

如拌雜絲，則高貴與粗賤兩均可成。以香菇絲、筍絲、腐衣絲等雜拌，其價不下於魚肉，若紅白蘿蔔切絲，加些青紅辣椒絲，雖彩色鮮麗，但最不値錢。芫荽、芹菜、四季豆、豇豆也都是涼拌中常見之物，北平人夏天吃烙餅、綠豆稀飯時最愛配的涼菜是醬疙瘩（鹹菜之一種），胡蘿蔔、五香豆干均切成絲，再加芫荽同拌，眞是五色雜陳，適口悅目，營養旣豐（維他命A、B、C無一或缺），所費尤少。筆者願推此味爲涼拌之王。

如何購買大地叢書

書店實施「零庫存」，各出版社又不斷有新書出版，在書店有限的空間裡，無法保證不斷貨，如果您在書店找不到某一本想購買的書，還有以下方法可以找到你想要的書。

1. 只要您記得作者與書名，向書店訂購，書店會給您滿意的答覆。
2. 如果書店的服務人員對你說「書已斷版」或「賣完了」您可打電話到本社。

   TEL：〔02〕2627-7749 或

   FAX：〔02〕2627-0895 查詢。
3. 用劃撥方式函購，劃撥帳號： 0019252-9，戶名：大地出版社
4. 大台北地區讀者，如一次購買二十本以上，本社請專人送到府上，且有折扣優待。
5. 本社圖書目錄函索即寄。

唐魯孫先生作品介紹

老古董

本書專講掌故逸聞，作者對滿族清宮大內的事物如數家珍、而大半是親身經歷，所以把來龍去脈說得詳詳細細、本書有歷史、古物、民俗、掌故、趣味等多方面的價值，更引起中老年人的無窮回憶，增進青年人的知識。

定價二〇〇元

酸甜苦辣鹹

民以食為天，吃是文化、是學問也是藝術，本書作者是滿州世家，精於引饌，自號饞人，是有名的美食家。又作者足跡遊遍大江南北，對南北口味烹調，有極細致的描寫、有極在行的評議。本書看得你流口水，愈看愈想看，是美食家、烹飪家、主婦、專家學生及大眾最好的讀物。

定價二二〇元

大雜燴

作者出身清皇族，是珍妃的姪孫，是旗人中的奇人，自小遊遍天下，看的多吃的多，所寫有關掌故，飲饌都是親身經歷，「景」「味」逼真，本書集掌故、飲饌于一書「大雜燴」。

定價二〇〇元

南北看

作者出身名門，平生閱歷之豐，見聞之廣，海內少有。本書自劊子手看到小鳳仙，自衙門裡的老夫子看到盧燕，大江南北，古今文物，多少好男兒，奇女子，異人異事……一一呈現眼前，是一部中國近代史的通俗演義。

定價二〇〇元

中國吃

本書寫的是中國人的吃，以及吃裡的深厚文化，書中除了談吃以外並談酒與酒文化、談喝茶、談香煙與抽煙，文中一段與幽默大師林語堂先生一夕談煙，精彩絕倫不容錯過。

定價二〇〇元

什錦拼盤

本書內容包羅萬象，除談吃以外從尙方寶劍談到王命旗牌，談名片、談風箏、談黃曆、談人蔘、談滿漢全席……文中作者並對數度造訪的泰京「曼谷」不管是食、衣、住、行各方面均有詳細的描述。

定價二〇〇元

說東道西

本書共分四輯：

一、美味珍饈，舉凡餛飩、北平的燒餅油條、山西麵食、嶺南粥品、山東半島的海鮮等……

二、故人軼事，談華園澡堂子、西來順褚祥、還珠樓主、談電影、談阮玲玉的一生、張織雲的遭遇……

三、風俗掌故，談磕頭請安、藍印泥、玩票、走票、龍票、談酷刑、酒話之中蘊含人生大道……

四、說東到西，談中國民間故事、從藏冰到雕冰、閒話沙魚、話說當年談照相、髮型雜感……

定價二二〇元

天下味

本書共分三輯

輯一北方味，蒐羅了作者對故都北平的懷念之作，除了清宮建築，宮廷生活、宮廷飲食介紹外，對平民生活的詳盡描述，也引人入勝。

輯二山珍海味：收錄作者對蛇、火腿、肴肉等山珍，以及蟹類、台灣海鮮等海味的介紹，除了令人垂涎的美味，還有豐富的常識與掌故。

輯三煙酒味：作者暢談煙酒的歷史與品味方法，充分展現其博學多聞的風範。此外令收〈香水瑣聞〉與〈印泥〉兩文，也是增廣見聞的好文章。

定價二二〇元

老鄉親

唐魯孫先生的幽默，常在文中表露無遺，本書中也隱約可見其對一朝代沒落所發抒舊情舊景的感懷，無論是談吃、談古、談閒情皆如此，但其憂心固有文化的消失殆盡。在在流露出中國文人的胸襟氣度。

定價二〇〇元

故園情《上》

凡喜念舊者都是生活細膩的觀察者，才能對往事如數家珍。故園情上冊有唐魯孫先生的記趣與評論，舉凡社會的怪現象、名人軼事　對藝術的關懷，或是說一段觀氣見鬼的驚奇，皆能鞭辟入裏栩栩如生。

定價一八〇元

故園情《下》

喜歡吃的人很多，但能寫得有色有香有味的實在不多，尤其還能寫出典故來，更是難能可貴。唐魯孫先生寫的吃食卻能夠獨出一格，不僅鮮活了饕餮模樣，更把師傅秘而不傳的手藝公諸同好與大家分享。

定價一八〇元

唐魯孫談吃

美食專家唐魯孫先生，不但嗜吃會吃也能吃，無論是大餐廳的華筵餕餘，或是夜市路邊攤的小吃，他都能品其精華食其精髓。本書所撰除了大陸各省佳肴，更有台灣本土的美味，讓人看了垂涎欲滴。

定價一八〇元

國家圖書館出版品預行編目資料

吃的藝術 / 劉枋著.—六版.-- 臺北市：大地, 2000〔民 89〕
面；　公分.--（生活美學；13）

ISBN 957-8290-24-1（平裝）
1. 飲食

427　　　　89013578

吃的藝術

生活美學 13

作　　者：劉　枋
創 辦 人：姚宜瑛
發 行 人：吳錫清
主　　編：陳玟玟
封面設計：曾堯生
法律顧問：余淑杏律師
出 版 者：大地出版社
台北市內湖區環山路三段二十六號一樓
劃撥帳號：〇〇一九二五二一九
戶　　名：大地出版社
電　　話：(〇二) 二六二七七七四九
傳　　真：(〇二) 二六二七〇八九五
印 刷 者：久裕印刷股份有限公司
六版二刷：二〇〇〇年十月
定　　價：二〇〇元